基礎からの力学

原 康夫 著

学術図書出版社

まえがき

『基礎からの力学』は，書名のとおり，高校で物理を選択しなかったり物理を選択したが理解が不十分な学生諸君が，物理の基本的な考え方，ものの見方を容易に理解できるよう，構成を工夫し，題材として理解しやすいものを選び，わかりやすく表現した，大学理工系学部の基礎物理教育用の力学の教科書である．

たとえば，運動を等加速度直線運動，放物運動，等速円運動，単振動に絞り，質量×加速度 ＝ 力 というニュートンの運動法則の徹底的な理解を図った．また，ニュートンの運動の法則および力と仕事の関係を自動車の運動と関係づけ，学生諸君の経験と結びつくように説明した．したがって，最初から広がった物体の運動を意図的に扱い，日常経験する広がった物体の運動との関係が明確になるようにした．

使用する数学は最低限にしたが，その範囲内での数的処理能力の育成には最大限の努力を払った．微分と積分がわからないために物理が理解できないことのないよう，微積分が出てくる部分は原則的に**参考**にした．また，初等的な事項も意識的に記述するようにした．

最近の工学教育の重要な基準のひとつは，数学，自然科学および工学知識を応用できる能力であり，知識そのものではない．このような要求も念頭に置いて執筆した．

本書の記述は平易であるが，物理学の全体をただやさしく解説するだけではなく，日常体験する身のまわりのいろいろな現象を科学的に考え，理解する能力を養えるよう配慮した．

このように高校教科書よりわかりやすいが，内容は高校物理をはるかに超えている．クラスの中には高校で物理を学び十分に理解した学生諸君もいると思うが，そのような学生諸君の知的好奇心と期待に対しても十分に応えられ，さらに物理の理解を深め，応用能力が養える教科書である．

最近，高校物理の補習を行っている大学があるとのことであるが，高校物理と大学物理が別々にあるわけではない．この教科書の中からクラスに適切な部分を選べば，「力学の基礎から学びはじめて，大学の基礎物理教育で要求されている力学の基本的な内容をマスターできる」と考えている．

教育には cognitive な（認識に関した）面と affective な（楽しく

学ぶ）面があるが，この教科書では affective な面にも注意を払った．つまり，物理学的な考え方，ものの見方に触れて，物理の面白さ，素晴らしさを味わってほしいという気持ちで執筆した．その際に，『物理はこんなに面白い』（日本経済新聞社，1999 年）という一般向けの本を執筆した経験を生かした．

　この教科書は類書に比べてはるかにわかりやすいが，物理リテラシーの習得には，考えるという過程が必要である．授業に出席し，疑問点は先生に質問し，内容を自分のものにしてほしい．授業を欠席した場合はこの教科書を自学自習すること．最初がかんじんである．教科書の最初を見て，「こんなことは知っている，やさしすぎる」などと思って軽視せず，教科書のそのような部分もよく読んでみてほしい．

　物理をもっと勉強したい読者には，要求水準に応じて拙著の『理工系の基礎物理 力学』，『理工系の基礎物理 電磁気学』，『物理学基礎』，『物理学通論 I , II』，『物理学』（以上，学術図書出版社），『現代物理学』（裳華房），『量子力学』（岩波書店）などから適切な本を選ぶことをお勧めする．

　なお，本書は『基礎からの物理学』に対応する力学編である．『基礎からの物理学』の力学の部分とかなり重複しているが，本書は力学だけを対象にしているので，それに伴う個所を中心に，構成と内容に異なる点がある．本書を読んで気に入った読者諸君は姉妹編の『基礎からの物理学』も読んでほしい．

　学術図書出版社の発田孝夫さんのご協力とお励ましに感謝する．

　　　2000 年 8 月

　　　　　　　　　　　　　　　　　　　　　　　　　　　著　　者

目 次

0. はじめに
1. 物理学をどのように学ぶか　1
2. 物理量は「数値」×「単位」という形をしている　2
3. 国際単位系　3
4. 大きな量と小さな量の表し方（指数，接頭語）　4
5. 有効数字　4
6. 次元　5

1. 直線運動
1.1 速さ　7
1.2 直線運動をする物体の位置と速度　9
1.3 速度と変位　12
1.4 加速度　13
1.5 等加速度直線運動　14
1.6 重力加速度　17
　演習問題 1　19

2. 運動の法則
2.1 速度と加速度　21
2.2 ニュートンの運動の法則　24
2.3 直線運動での運動の法則　27
2.4 地球の重力　28
2.5 ベクトル　31
2.6 力について　33
2.7 運動方程式のたて方と解き方　35
2.8 放物運動　37
　演習問題 2　42

3. 等速円運動
3.1 等速円運動する物体の速度と加速度　44
3.2 ニュートンが予想した人工衛星　47
3.3 弧度法で表した等速円運動　49
　演習問題 3　53

4. 単振動
4.1 弾力とフックの法則　54
4.2 単振動　56
4.3 弾力による位置エネルギー　60
4.4 単振り子　61
4.5 減衰振動と強制振動　63
　演習問題 4　65

5. 摩擦力
5.1 垂直抗力　67
5.2 静止摩擦力　67
5.3 動摩擦力　69
5.4 道路が摩擦力で押さないと車は動かない　70
5.5 空気や水の抵抗力　71
　演習問題 5　73

6. 仕事とエネルギー
6.1 力と仕事　74
6.2 重力による位置エネルギーと運動エネルギー　76
6.3 仕事率（パワー）　79
6.4 仕事と運動エネルギーの関係　80
6.5 エネルギーの変換とエネルギーの保存　83
6.6 万有引力による位置エネルギー　85
　演習問題 6　87

7. 運動量と力積
7.1 運動量と力積　88
7.2 運動量保存の法則と衝突　91
　演習問題 7　94

8. 剛体のりつ合い
8.1 剛体と重心　95
8.2 力のモーメント（トルク）　95
8.3 剛体に作用する力のつり合い条件　96
8.4 剛体のつり合いの問題の解き方　97

8.5 仕事の原理 99
演習問題 8 101

9. 固定軸のまわりの剛体の回転運動

9.1 角速度と角加速度（固定軸の
まわりの剛体の回転の場合） 103
9.2 回転運動の運動エネルギーと
慣性モーメント 104
9.3 固定軸のまわりの剛体の
回転運動の法則 106
9.4 中心力と角運動量保存の法則 109
演習問題 9 112

10. 剛体の運動と重心

10.1 剛体の重心 114
10.2 重心の運動方程式 116
10.3 剛体の平面運動 118
演習問題 10 122

11. 遠心力と無重量状態

11.1 非慣性系と見かけの力 123
11.2 身体を支える力が作用しない
無重力状態 125
11.3 コリオリの力 127
演習問題 11 128

問，演習問題の解答 129
索引 134

はじめに

1. 物理学をどのように学ぶか

今から約5000年も昔に，直径が約1メートルもある栗材で作られた大型掘立柱構造物が立っていたことを示す6個の柱穴が青森の三内丸山遺跡で発見されている．この縄文時代の建物は長さが17メートルで重さが8トンの栗の柱6本を使って復元されている．このような大型建造物を造るには，高度な技術が必要なことはいうまでもない．昔の人たちは，生活の中でのいろいろな経験を通じて，自然を支配している法則を理解し，それを応用して，このような技術を発展させてきたに違いない．

現代社会ではさまざまな技術が重要な役割を演じている．その中でも重要な発電機，モーター，トランジスター，レーザー，原子力などはすべて物理学を基礎にしている．

自然を支配する法則を研究するのが自然科学である．物理学は，特定の限られた種類の現象だけではなく，多くの現象に広く適用できる普遍的な自然法則を研究するという意味で，自然科学の中でも基礎的な学問である．

三内丸山遺跡のシンボル大型掘立柱建物（復元）[青森県教育庁文化課三内丸山遺跡対策室所蔵]

今から約200年前までは，物理学は大学の中よりも，大学以外でより多くの研究が行われていた．たとえば，2種類の電気を「正電気」，「負電気」と名づけたり，雷雲は帯電していることを発見し，避雷針を発明した米国のフランクリンは印刷業者であり，政治家でもあった人である．つまり，歴史的にみると，物理学を含む自然科学は社会の中で，知的好奇心に富む人たちによって，育てられてきたといえる．

科学技術は最近200年間に大きく発展し，莫大な量の科学知識が蓄積された．そのすべてを学び，理解することは不可能である．しかし，社会が科学技術に大きく依存している現在，科学技術の基礎にある物理学の基本的な知識は不可欠である．古代の大型掘立柱構造物の建造が危険を伴ったように，現代の科学技術にはつねに危険が伴う．このような危険を少なくするためにも物理の知識と応用能力が要求される．

いま，技術者に必要な能力の1つとして重視されているのは，物理学の知識そのものではなく，物理学の応用能力である．つまり，物理学的な問題発見能力，問題対応能力と問題解決能力である．そういうわけで，物理学を学ぶ上で重要なのは，物理学の知識をむやみに暗記することではなく，まず，物理学的なものの見方，物理学的な考え方を身につけることである．そのためには，知的好奇心に富み，自然を観察したり，手軽にできる実験を楽しむ人である必要がある．また，自然法則や典型的な自然現象を定性的に理解することである．たとえば，物体に力が作用すれば物体はどうなるかなどのような問に対して，具体的な例をあげて，定性的に説明できるようになることである．これらのことを心がければ，だれでも自然のからくりをそれなりに理解できる．

2. 物理量は「数値」×「単位」という形をしている

物理学では対象にする量を**物理量**という．たとえば，長さ，時間，速さ，力のような量である．物理学はいろいろな物理量の関係を探る学問で，これらの関係が**法則**である．物理量を表すときは，これらの物理量を測るときの基準となる量の**単位**と比較して，その何倍であるかを表す．たとえば，塔の高さは，長さの基準である1 mの物指しの長さと比べて，50 mとか60 mと表される．つまり，物理学で対象にする物理量にはその量を測る基準の単位がついていて，物理量は「**数値**」×「**単位**」という形をしている．したがって，物理学の問題を定量的に考えるときに理解しておかねばならないのが単位である．

長方形の面積の公式は，いうまでもなく，

$$\text{「長方形の面積」}=\text{「縦の長さ」}\times\text{「横の長さ」} \quad (1)$$

であるが，「縦の長さ」も「横の長さ」も10 mとか30 cmとかのように，「数値」×「単位」という形をしている．「縦の長さ」が20 mで「横の長さ」が10 mの「長方形の面積」は

$$\text{「長方形の面積」}=20\,\text{m}\times10\,\text{m}=200\,\text{m}^2 \quad (2)$$

と表され，やはり「数値」×「単位」という形をしている．

「長方形の面積」，「縦の長さ」，「横の長さ」などと書くのは，長くてわずらわしいので，物理学では，物理量を(ローマ字またはギリシャ文字の)記号で代表させる．物理量を表す記号も「数値」×「単位」を表す．たとえば，「長方形の面積」をA，「縦の長さ」をH，「横の長さ」をLと記すことにすれば，(1)式と(2)式は

$$A=HL \qquad A=20\,\text{m}\times10\,\text{m}=200\,\text{m}^2 \quad (3)$$

と簡単に表せる．

3. 国際単位系

　力と運動の物理学である力学に現れる物理量の単位は，長さ，質量，時間の単位を決めれば，この3つからすべて定まる．長さの単位として**メートル**［m］，質量の単位として**キログラム**［kg］，時間の単位として**秒**［s］をとり，これらを基本単位にして他の物理量の単位を定めた単位系（単位の集まり）を **MKS 単位系**とよぶ．この3つの基本単位に電流の単位のアンペア［A］を4番目の基本単位として加えた単位系を **MKSA 単位系**という．

　日本の計量法は国際単位系（略称 SI）を基礎にしているので，本書では原則として**国際単位系**を使う．国際単位系は MKSA 単位系を拡張した単位系で，メートル［m］，キログラム［kg］，秒［s］，アンペア［A］に，温度の単位ケルビン［K］，光度の単位カンデラ［cd］，および物質の量の単位モル［mol］を加えた7個を基本単位として構成されている．

　基本単位以外の物理量の単位は，定義や物理法則を使って，基本単位から組み立てられ，**組立単位**とよばれる．たとえば，長さの単位は m，時間の単位は s なので，

　「速さ」＝「移動距離」÷「移動時間」の国際単位は，

　　　　　長さの単位 m を時間の単位 s で割った m/s，

　「加速度」＝「速度の変化」÷「変化時間」の国際単位は，

　　　　　速度の単位 m/s を時間の単位 s で割った m/s^2，

　「面積」＝「縦の長さ」×「横の長さ」の国際単位は，

　　　　　長さの単位 m に長さの単位 m をかけた m^2

である．A/B は $A \div B$ を表す．第2章で学ぶように，

　「力」＝「質量」×「加速度」なので，力の国際単位は，

　　　　　質量の国際単位 kg に加速度の国際単位 m/s^2 をかけた $kg \cdot m/s^2$

である．力学の創始者のニュートンに敬意を払い，この $kg \cdot m/s^2$ をニュートンとよび，N という記号を使う．こう表しても，力の国際単位のニュートンが基本単位だというわけではない．表1に固

表1　固有の名称をもつ SI 組立単位の例

物理量	単位の名称	単位の記号	定義
力	ニュートン	N	$kg \cdot m/s^2$
エネルギー，仕事	ジュール	J	$N \cdot m$
仕事率，パワー，電力	ワット	W	J/s
圧力，応力	パスカル	Pa	N/m^2
電気量	クーロン	C	$A \cdot s$
電圧	ボルト	V	J/C
電気抵抗	オーム	Ω	V/A
電気容量	ファラド	F	C/V

有の名称をもつ SI 組立単位の例を示す．中点「・」は×を意味する．

なお，本書では，国際単位でない，重力キログラム（記号 kgf：力の単位），カロリー（記号 cal：エネルギーの単位），電子ボルト（単位 eV：エネルギーの単位）の3つを実用単位として使うことがある．

4. 大きな量と小さな量の表し方（指数，接頭語）

取り扱っている現象に現れる物理量の大きさが，基本単位や組立単位の大きさに比べて，とても大きかったり，とても小さかったりする場合の表し方には，2通りある．

1つは，$1\,000\,000$ を 10^6，$0.000\,001$ を 10^{-6} などのように10のべき乗を使って表す方法である．つまり，大きな数を $a\times10^n$（n は正の整数），小さな数を $a\times10^{-n}$（n は正の整数）と表す方法である．10^n の n や 10^{-n} の $-n$ を指数という．たとえば，地球の赤道半径 $6\,378\,000$ m は 6.378×10^6 m と表される．

もう1つの方法は，表紙の裏見返しに示す，国際単位系で指定された，接頭語をつけた単位を使う方法である．たとえば，

$1\,000$ m $= 1$ km，　10^{-3} m $= 1$ mm，　10^{-15} m $= 1$ fm，
10^{-3} kg $= 1$ g，　10^6 Hz $= 1$ MHz

などである．標準の大気圧を $1\,013$ ヘクトパスカル [hPa] という．1 hPa $= 100$ Pa なので，この圧力は $101\,300$ Pa である．圧力の国際単位の 1 Pa は，1 N/m^2 であるが，これは面の 1 m^2 あたりに 1 N の力が作用しているときの圧力の強さであることを示す．なお，質量の基本単位のキログラム kg には接頭語の「k（キロ）」が含まれているので，質量の単位の10の整数乗倍の単位の名称は，たとえば mg（ミリグラム）のように「g（グラム）」という語に接頭語をつけて構成することになっている．

5. 有効数字

物理量を測定すると，測定の結果得られた測定値にはばらつきがある．そこで，これらの測定値の平均値を計算する．測定値の平均値は，この物理量の最良推定値である．しかし，この推定値には不確かさがある．この不確かさは推測でき，下記の手順で求められる標準不確かさで表す．

同じ物理量を同じ条件で何回も繰り返し測定すると，測定値にはばらつきが生じる．多くの場合，測定値は，図1に示すように，平均値 m のまわりにつりがね形の**正規分布**とよばれる分布をする．

図 1 の σ をこの物理量の測定結果の**標準偏差**という．標準偏差とは，図 1 (a) に記されているように，$m-\sigma$ と $m+\sigma$ の間の大きさの測定値が全体の 68.3% になり，図 1 (b) に記されているように，$m-2\sigma$ と $m+2\sigma$ の間の大きさの測定値が全体の 95.4% になり，図 1 (c) に記されているように，$m-3\sigma$ と $m+3\sigma$ の間の大きさの測定値が全体の 99.7% になるような量である．この物理量の測定結果を $m\pm\sigma$ と表し，σ を**標準不確かさ**という．

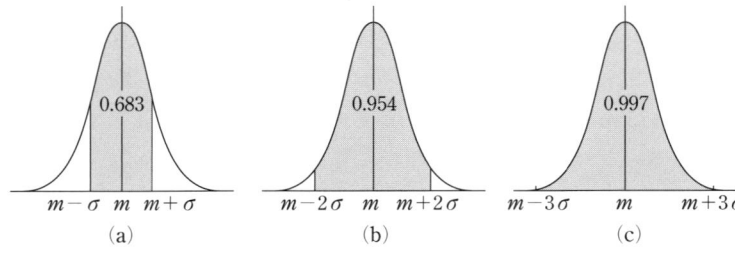

図 1　正規分布

誤差があるので，平均値 m の桁数をむやみに多くして表しても意味がない．たとえば，ある人の身長の測定値の平均値が 161.414 cm，標準偏差が 0.1 cm の場合には，身長の測定結果の平均値として意味があるのは 161.4 cm である．この場合，意味のある 4 桁の数字の 1614 を**有効数字**という．測定値を $a\times 10^n$ と表すとき，a としては $10>|a|\geq 1$ になるようにした，有効数字を使う．たとえば，1.614×10^2 cm のようにである．

本書は，物理現象や法則の物理的な意味の理解を主目的とするので，問題の解答などで，有効数字と誤差については気にしないことにする．

6. 次　元

単位と密接な関係がある概念に**次元**（ディメンション）がある．直線は 1 次元，平面は 2 次元，空間は 3 次元だが，これらをそれぞれ $[L]$，$[L^2]$，$[L^3]$ と表す．この次元という概念を拡張する．力学に現れるすべての物理量の単位は，長さの単位 m，質量の単位 kg，時間の単位 s の 3 つで表せる．たとえば，ある物理量 Y の単位が $m^a\,kg^b\,s^c$ だとすると，$[Y]=[L^a M^b T^c]$ をこの物理量 Y の**次元** $[Y]$ の次元式という．L は length（長さ），M は mass（質量），T は time（時間）の頭文字である．たとえば，[速度] $=[LT^{-1}]$，[力] $=[LMT^{-2}]$ である．

計算の途中や結果にでてくる式 $A=B$ の左辺 A と右辺 B の次元はつねに同じでなければならない．これが等号「$=$」の意味であ

る．そこで，計算結果の式の両辺の次元が同じかどうかを調べることは，計算結果が正しいかどうかの1つのチェックになる．

式の左右両辺の次元は同じなので，国際単位系を採用すれば，物理量の単位の部分は無視して，数値計算だけを行い，計算結果にその次元の国際単位をつければよいことになる．

次元が異なる2つの量を掛け合わせたり，一方を他方で割ったりすることはできるが，次元が異なる2つの量を足し合わすことはできない．次元が同じ2つの量を足し合わすことはできるが，異なった単位で示された2つの量の足し算を行う場合には，換算して2つの量の単位に同じものを使う必要がある．たとえば，$1.23\,\text{m} + 10\,\text{cm} = 1.23\,\text{m} + 0.10\,\text{m} = 1.33\,\text{m}$ である．

直線運動

いちばん簡単な運動は，物体が一直線上を運動する**直線運動**である．まっすぐな線路を走る電車の運動，真上に投げ上げられたボールの運動，鉛直に吊るしたばねの下端につけたおもりの上下方向の振動などは直線運動の例である．

物体は運動によって移動する．物体の運動とは位置が時間とともに変化することであるから，運動を表すにはまず物体の位置を表すことが必要である．

物体の運動状態を表す量は**速度**と**加速度**である．われわれは自動車や電車に乗った経験から，速度や加速度を体験的に知っている．

本章では，力学を学ぶ準備として，直線運動を行う物体の位置，速度，加速度の表し方とともに，問題の数理的な処理方法と分析方法を学ぶ．

この学習では，まずグラフを描いて，グラフから運動の特徴を読み取ることを学ぶ．

横軸に時刻 t，縦軸に位置 x を選んだ，x–t 図の x–t 曲線の傾き（勾配）から物体の速度がわかる．横軸に時刻 t，縦軸に速度 v を選んだ，v–t 図の v–t 曲線と t 軸に囲まれた部分の面積は，物体の変位を表す．v–t 図の v–t 曲線の傾きから物体の加速度がわかる．これら事実を理解すれば，この章の内容を十分に理解したことになる．曲線を表す式から，曲線の傾きを計算する方法が微分法で，曲線と横軸で囲まれた部分の面積を計算する方法が積分法である．

1.1 速　さ

■ 平均の速さ ■　物体の運動状態を表す量に**速さ**（スピード）がある．「平均の速さ $\bar{v}$」は「移動した距離 s」÷「移動にかかった時間 t」，つまり，

$$\text{平均の速さ} = \frac{\text{移動距離}}{\text{移動時間}} \qquad \bar{v} = \frac{s}{t} \tag{1.1}$$

である．本書では，$s \div t$ を s/t と書くことにする．(1.1)式から

$$\text{移動距離} = \text{平均の速さ} \times \text{移動時間} \quad s = \bar{v}t \quad (1.2)$$

であることがわかる．

▎**速さの単位**▎　長さの単位には km, m, cm などがあり，1 km = 1000 m，1 m = 100 cm という関係がある．時間の単位には時 (h；hour)，分 (min；minute)，秒 (s；second) などがあり，1 h = 60 min，1 min = 60 s などの関係がある．「速さの単位」は「長さの単位」÷「時間の単位」なので，速さの単位として，km/h，m/min，m/s などがある．国際単位系では，長さの単位はメートル m，時間の単位は秒 s なので，国際単位系での速さの単位は m/s である．いうまでもなく，m/s = m÷s である．

例 1　通学の際に自宅から 900 m 離れた駅まで徒歩で 10 分かかったとすると，この人の平均の速さは

$$900 \text{ m}/10 \text{ min} = 90 \text{ m/min}$$

である．これを日常生活では分速 90 m という．

▎**速さの単位の変換**▎　速さの別の単位を使うと，速さを表す数値は異なる．

$$36 \text{ km} = 36000 \text{ m}, \quad 1 \text{ h} = 60 \text{ min} = 3600 \text{ s}$$

なので，たとえば，

$$36 \text{ km/h} = 36000 \text{ m}/3600 \text{ s} = 10 \text{ m/s}$$

$$\therefore \quad 1 \text{ m/s} = 3.6 \text{ km/h} \quad 1 \text{ km/h} = (1/3.6) \text{ m/s}$$

例題 1　東海道新幹線の「のぞみ」には，東京-新大阪を 2 時間 30 分で走行するものがある．東京-新大阪間の距離を営業キロ数の 552.6 km として，この「のぞみ」の平均の速さを求めよ．速さの単位として，km/h と m/s の両方の場合を求めよ．

解　30 min = 30×(h/60) = 0.5 h であり，0.30 h ではないことに注意すると，

$$\bar{v} = \frac{s}{t} = \frac{552.6 \text{ km}}{2.5 \text{ h}} = 221.0 \text{ km/h}$$

$$1 \text{ km/h} = (1000 \text{ m}/3600 \text{ s}) = (1/3.6) \text{ m/s}$$

なので，

$$\bar{v} = 221.0 \text{ km/h} = (221.0/3.6) \text{ m/s} = 61.4 \text{ m/s}$$

▎**等速運動**▎　速さが一定な運動，つまり等しい時間に等しい距離を通過する運動を等速運動という．速さが v_0 の等速運動の場合，平均の速さはつねに一定の速さ v_0 なので，(1.2) 式から，任意の移動時間 t に対して，その間の移動距離 s は，

$$s = v_0 t \quad \text{移動距離} = \text{速さ} \times \text{移動時間} \quad (1.3)$$

である．つまり，一定の速さで移動する物体の移動時間 t と移動距離 s とは比例する．

横軸に移動時間 t，縦軸に移動距離 s を選んで物体の運動状態を表す移動距離-移動時間図を描くと，等速運動の場合は，原点を通る直線になる（図 1.1）．(1.3)式からわかるように，直線の傾きが等速運動の速さ v_0 なので，直線の傾きが大きい場合には速さが速く，傾きが小さい場合には速さが遅い．

1.2 直線運動をする物体の位置と速度

これまでの速さの議論では，物体の運動の道筋は曲線でもよかったが，これから本章では，物体が一直線上を運動する場合だけを考える．たとえば，鉛直なばねの下端に吊るされて，上下に振動しているおもりの運動である（図 1.2）．

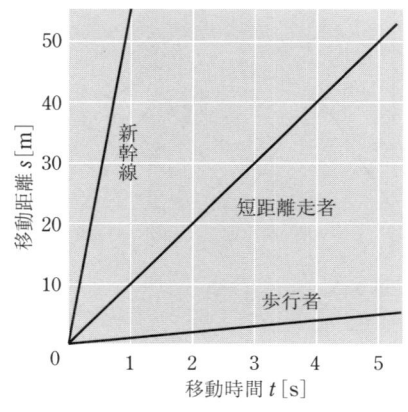

図 1.1 移動距離-移動時間（等速運動の場合）

物体は運動によって移動する．物体の運動とは位置が時間とともに変化することであるから，運動を表すにはまず物体の位置を表すことが必要である．物体の移動した距離が**移動距離**である（図 1.3 (a)）．競泳では，選手が泳いだ往復の移動距離の合計が重要であるが，物体の現在の位置を考える場合には，移動距離よりも，最初の位置からの正味の変化，つまり，図 1.3 (b) の矢印のような，最初の位置を始点とし，現在の位置を終点とする矢印の長さ（直線距離）とその向きが重要である．この位置の変化を表す量を**変位**という．図 1.2 の場合，おもりの位置は基準の位置（高さ）と比べることで指定できる．

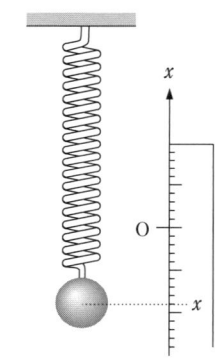

図 1.2 ばねの下端に吊るしたおもりの上下方向の振動．点 O は基準の位置（高さ）

■ 位 置 ■　ある直線に沿って運動する物体の位置を表すには，その直線を x 軸に選び，原点 O を定め，x 軸の正の向きと負の向きを決める（図 1.4）．そうすると，物体の位置は座標 x によって表される．座標 x の絶対値 $|x|$ は，物体と原点 O との距離である．座標 x の符号は，物体が原点から正の向きにあれば正であり，負の向きにあれば負である．

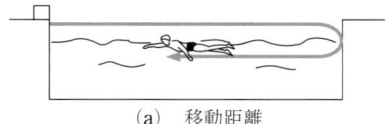

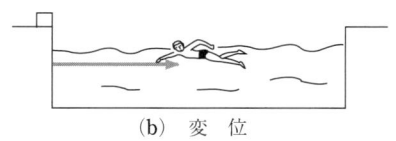

図 1.3 移動距離と変位

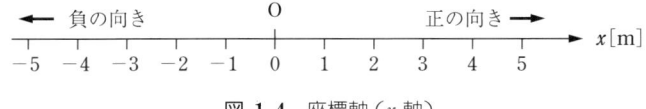

図 1.4 座標軸（x 軸）

物体の位置が時刻 t とともに変化する場合には，物体の位置は時刻 t の関数 $x(t)$ である．物体の位置の時間的な変化は，横軸に時刻 t，縦軸に物体の位置 $x(t)$ を選んだグラフで図示できる．このグラフを**位置-時刻図**（**x-t 図**）とよぶ．

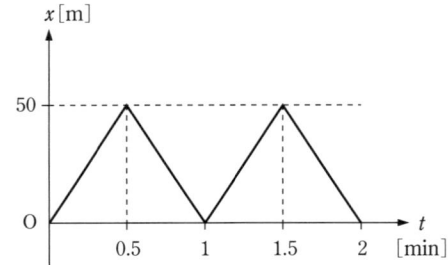

図 1.5 50 メートル・プールを一定の速さで泳ぐ人の x-t 図

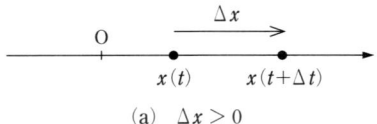

(a) $\Delta x > 0$

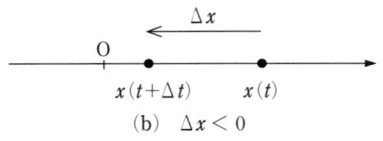

(b) $\Delta x < 0$

図 1.6 変位 $\Delta x = x(t+\Delta t) - x(t)$

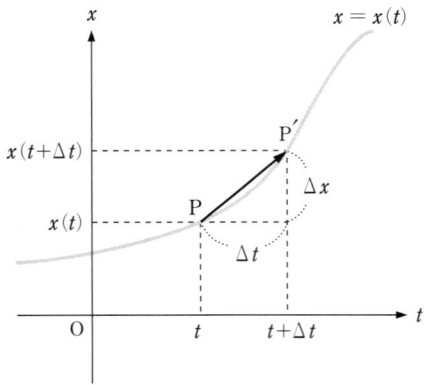

図 1.7 位置-時刻図（x-t 図）．有向線分 $\overrightarrow{PP'}$ の勾配 $\Delta x/\Delta t$ は時間 Δt での平均速度である．

---

* Δx は変位を表すひとまとまりの量であり，Δ（デルタと読む）と x の積ではない．Δt も2つの時刻の間隔を表すひとまとまりの量であり，Δ と t の積ではない．

例2 長さ 50 m のプールを分速 100 m，つまり，$v_0 = 100$ m/min の一定な速さで 200 m 泳いだ場合の x-t 図は図 1.5 のようになる．

■ **平均速度** ■　直線運動の場合，x 軸の正の向きに進む物体の速さと負の向きに進む物体の速さを区別するために速度を使う．時刻 t の位置が $x(t)$ の物体が，時間 Δt 経過した時刻 $t+\Delta t$ に，位置 $x(t+\Delta t)$ に移動したとすると，時間 Δt に位置が $x(t+\Delta t) - x(t) \equiv \Delta x$ だけ変化したので（図 1.6, 図 1.7），時間 Δt の**平均速度** $\bar{v}$ を

$$\bar{v} = \frac{\Delta x}{\Delta t} = \frac{x(t+\Delta t) - x(t)}{\Delta t} \quad \left(\text{平均速度} = \frac{\text{変位}}{\text{時間}}\right) \quad (1.4)$$

と定義する*．$\Delta x = x(t+\Delta t) - x(t)$ を時間 Δt での物体の**変位**という．（$A \equiv B$ は「定義によって B は A に等しい」こと，あるいは「A を B と定義する」ことを意味する．）

物体が x 軸の正の向きに移動すれば，変位 Δx はプラス（正）なので平均速度は正（$\bar{v} > 0$）で，負の向きに移動すれば，変位 Δx はマイナス（負）なので平均速度は負（$\bar{v} < 0$）である．

平均速度 $\Delta x/\Delta t$ は図 1.7 の有向線分 $\overrightarrow{PP'}$ の傾き（勾配）である．$\bar{v} > 0$ なら，有向線分 $\overrightarrow{PP'}$ は右上がりで，$\bar{v} < 0$ なら，有向線分 $\overrightarrow{PP'}$ は右下がりである．

■ **速　度** ■　速度が時間とともに変化する場合には，(1.4) 式の平均速度 $\Delta x/\Delta t$ の時間間隔 Δt を限りなく小さくした極限（limit）での値，

$$v(t) = \lim_{\Delta t \to 0} \frac{\Delta x}{\Delta t} = \lim_{\Delta t \to 0} \frac{x(t+\Delta t) - x(t)}{\Delta t} \equiv \frac{dx}{dt} \quad (1.5)$$

を時刻 t での**速度**，あるいは**瞬間速度**という（図 1.8）．つまり，速度 $v(t)$ は物体の位置 $x(t)$ の導関数で，速度 $v(t)$ は物体の位置 $x(t)$ を t で微分すれば求められる．

図 1.7 で $\Delta t \to 0$ のときは，点 P' が曲線上を点 P に限りなく近づき，有向線分 $\overrightarrow{PP'}$ の傾きが次第に変わっていく（図 1.8）．$\Delta t \to 0$ の極限では，この傾きは点 P での曲線の接線の傾きである．つまり，速度 $v(t)$ は x-t 図の曲線（x-t 曲線）の時刻 t での**接線の傾き**（勾配）に等しい．接線が右上がりならば x 軸の正の向きの運動，右下がりならば負の向きの運動で，傾きが大きいほど速さが速い（図 1.9）．接線が水平ならば，その時刻での瞬間速度は 0 である．

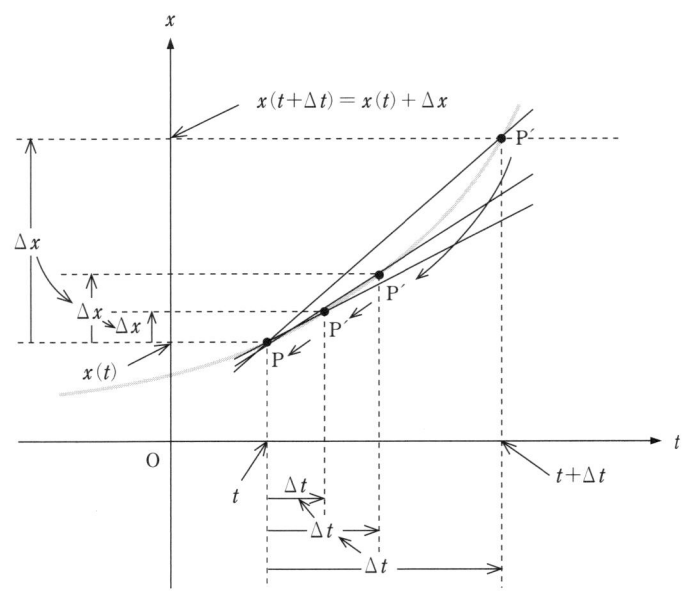

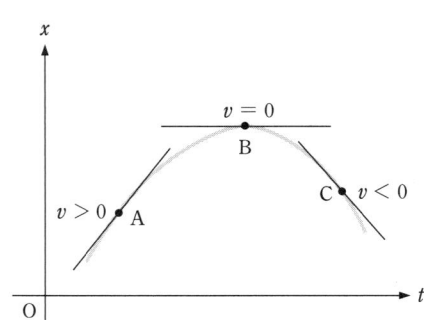

図 **1.8** 位置-時刻図（x-t 図）と速度．有向線分 $\overrightarrow{PP'}$ の勾配 $\Delta x/\Delta t$ は時間 Δt での平均速度を表す．有向線分 $\overrightarrow{PP'}$ の勾配の $\Delta t \to 0$ での極限の値は，時刻 t での x-t 曲線の接線の勾配に一致する．この接線の勾配が時刻 t での速度（瞬間速度）である．

図 **1.9** 位置-時刻曲線（x-t 曲線）の勾配と速度．点 A では接線は右上がりなので，$v > 0$．点 B では接線は水平なので，$v = 0$．点 C では接線は右下がりなので，$v < 0$．

■ **速度-時刻図（v-t 図）** ■ 速度 v を縦軸に，時刻 t を横軸に選んで物体の運動を描いた図を**速度-時刻図（v-t 図）**という．

■ **等速直線運動（等速度運動）** ■ 一直線上での一定速度の運動を**等速直線運動**あるいは**等速度運動**という．x-t 図の x-t 曲線の傾きは速度なので，等速直線運動の x-t 曲線は直線である．速度 v_0 で等速直線運動している物体の時刻 t での位置 $x(t)$ は

$$x(t) = v_0 t + x_0 \tag{1.6}$$

という 1 次式で表される．$v_0 > 0$ の場合の x-t 図は右上がりの直線で（図 1.10 (a)），$v_0 < 0$ の場合は右下がりの直線である（図 1.10 (b)）．切片の x_0 は時刻 $t = 0$ での物体の位置 $x(t=0)$ であ

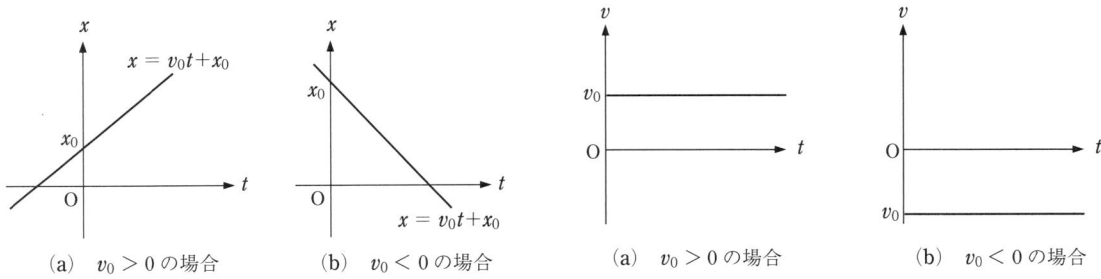

図 **1.10** 等速度運動の場合の x-t 図は直線である．

図 **1.11** 等速度運動の場合の v-t 図は水平な直線である．

1.2 直線運動をする物体の位置と速度

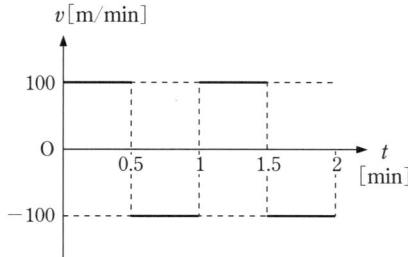

図 1.12 速度−時刻図（v-t 図）．50 メートル・プールを一定の速さで泳ぐ人の場合（図 1.5 参照）

る．

等速直線運動の場合に，v-t 図（速度−時刻図）は水平な直線である．図 1.11 (a) は $v_0 > 0$ の場合で，図 1.11 (b) は $v_0 < 0$ の場合である．

図 1.12 に等速でプールを 2 往復する運動（例 2）の場合の v-t 図を示す．

1.3 速度と変位

■ **等速直線運動（等速度運動）での速度と変位** ■ 一定な速さ v_0 で運動している物体が，時刻 t_A から t_B までの時間 $t_B - t_A$ に $x_A = x(t_A)$ から $x_B = x(t_B)$ まで移動すると，移動距離 $s = |x_B - x_A|$ は，

$$s = v_0(t_B - t_A) \quad (\text{「移動距離」}=\text{「速さ」}\times\text{「移動時間」}) \quad (1.7)$$

であるが，運動の向きも考慮するとき，この式は

$$\boxed{\begin{array}{c}\text{「変位」}=\text{「速度」}\times\text{「移動時間」}\\ x_B - x_A = v_0(t_B - t_A)\end{array}} \quad (1.8)$$

となる．

図 1.13 (a), (b) のアミの部分の面積 $|v_0|(t_B - t_A)$ が時刻 t_A から t_B までの間での物体の移動距離を表すが，図 1.13 (a) の場合はアミの部分が t 軸の上にあり，$v_0 > 0$ なので，変位が正で，x 軸の正の方向への移動であることを示す．図 1.13 (b) の場合はアミの部分が t 軸の下にあり，$v_0 < 0$ なので，変位が負であり，x 軸の負の方向への移動であることを示す．

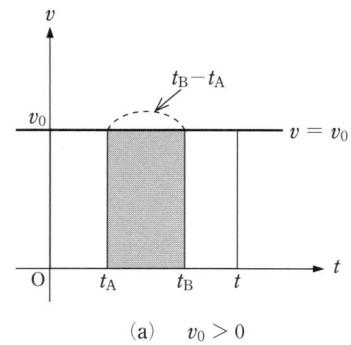

(a) $v_0 > 0$

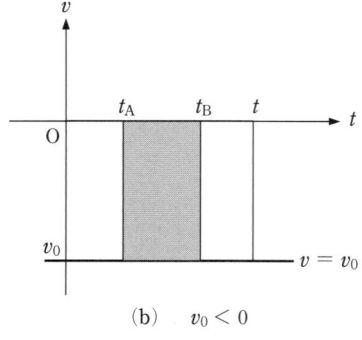

(b) $v_0 < 0$

図 1.13 速度−時刻図（v-t 図）．(a) 等速度運動で $v_0 > 0$ の場合．アミの部分の面積が時刻 t_A から t_B までの変位

$$x_B - x_A = v_0(t_B - t_A) > 0$$

(b) 等速度運動で $v_0 < 0$ の場合．

$$x_B - x_A = v_0(t_B - t_A) < 0$$

$|v_0|(t_B - t_A)$ は $-x$ 方向への移動距離．

■ **速度が変化する場合の速度と変位** ■ 図 1.14 のように，速度が時刻 t とともに変化する場合の変位は，移動時間 $t_B - t_A$ を細か

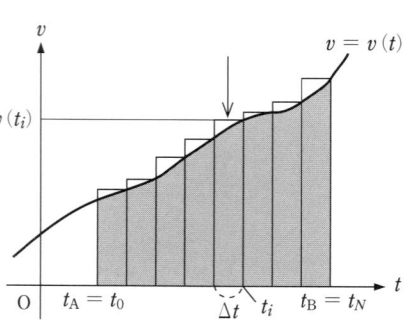

図 1.14 アミの部分の面積が時刻 t_A から t_B までの変位 $x_B - x_A$ である．時刻 t_A から t_B までの時間 $t_B - t_A$ を N 等分する．時刻 t_{i-1} から t_i までの微小時間 Δt での運動を速度 $v(t_i)$ の等速度運動だと近似すると，この間の変位は矢印の下の細長い長方形の面積 $v(t_i)\cdot\Delta t$ に等しい．N 個の長方形の面積の和が変位 $x_B - x_A$ の近似値である．長方形の数 $N \to \infty$ で，長方形の幅 $\Delta t \to 0$ の極限での長方形の面積の和は v-t 曲線の下のアミの部分の面積になる．

く分けて，各微小時間での微小な変位の和を加え合わせればよい．したがって，時刻 t_A から時刻 t_B の間の物体の変位 $x_B - x_A$ は，v-t 図［図 1.14］の v-t 曲線［$v = v(t)$］，横軸（t 軸），$t = t_A$，$t = t_B$ という 4 本の線で囲まれた領域（アミの部分）の面積に等しい．ただし，$v(t) < 0$ の部分の面積は負とするので，図 1.15 の場合の変位 $x_B - x_A$ は，v-t 曲線が横軸の上にある部分の面積を A_1 とし，v-t 曲線が横軸の下にある部分の面積を A_2 とすると，

$$x_B - x_A = A_1 - A_2 \tag{1.9}$$

である．これを数学の積分法では

$$x_B - x_A = \int_{t_A}^{t_B} v(t)\,dt \tag{1.10}$$

と表し，関数 $v(t)$ の t_A から t_B までの定積分という．

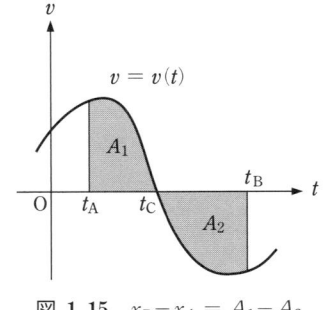

図 1.15　$x_B - x_A = A_1 - A_2$

例 3　図 1.16 は 2 つの駅 A, B の間を走る電車の v-t 図である．2 つの駅の距離 s を求めてみよう．v-t 曲線の下の面積は

$$0.5 \times 24 \times 20 + 24 \times 100 + 0.5 \times 24 \times 30 = 240 + 2400 + 360$$
$$= 3000 \text{ [m]}$$

なので，距離は 3000 m．なお，計算の途中で単位の m/s と s を書くのは面倒なので省略した．

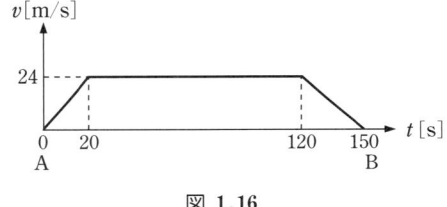

図 1.16

> **参考**　定積分の求め方
>
> 導関数が $f(t)$ であるような関数 $F(t)$，つまり，
>
> $$\frac{dF(t)}{dt} = f(t) \tag{1.11}$$
>
> であるような関数 $F(t)$ を関数 $f(t)$ の原始関数という．関数 $f(t)$ の定積分は，原始関数 $F(t)$ を使って，
>
> $$\int_{t_A}^{t_B} f(t)\,dt = \int_{t_A}^{t_B} \frac{dF(t)}{dt}\,dt = F(t_B) - F(t_A) \equiv F(t)\Big|_{t_A}^{t_B} \tag{1.12}$$
>
> と表せる．

1.4　加速度

加速度（accerelation）という言葉はふだんはあまり使われない言葉であるが，アクセルを踏んで自動車を加速するという表現はよく使う．加速性能がよい自動車とは，アクセルを踏むと短い時間で静止状態からいきおいよく走りだす自動車という意味である．単位時間あたりの速度の変化を**加速度**という．加速度にも平均加速度（記号 $\bar{a}$）と瞬間の加速度（記号 a）が考えられる．瞬間の加速度を

単に加速度ということが多い．

▌**平均加速度**▌　　平均加速度 $\bar{a}$ は

$$\text{平均加速度 } \bar{a} = \frac{\text{速度の変化 } \Delta v}{\text{速度の変化する時間 } \Delta t} \qquad \bar{a} = \frac{\Delta v}{\Delta t}$$
(1.13)

と定義される．国際単位系での速度の単位は m/s，時間の単位は s なので，国際単位系での加速度の単位は m/s² である．

静止していた自動車が 10 秒間で時速 36 km，つまり，36 km/h = 36×1000 m/3600 s = 10 m/s にまで加速されるときには，速さは 1 秒間に 3.6 km/h の割合で増加する．この自動車の国際単位系での平均加速度 $\bar{a}$ は

$$\bar{a} = \frac{(10-0)\,\text{m/s}}{10\,\text{s}} = 1.0\,\text{m/s}^2$$

である．つまり，速度は 1 秒間に 1.0 m/s の割合で増加する．

▌**加速度（瞬間加速度）**▌　　時刻 t での加速度（瞬間加速度）$a(t)$ は，平均加速度の式 (1.13) の時間間隔 Δt を限りなく小さくした極限での値の

$$a(t) = \lim_{\Delta t \to 0} \frac{\Delta v}{\Delta t} = \frac{\mathrm{d}v}{\mathrm{d}t}$$
(1.14)

である．

速度 $v(t)$ は位置 $x(t)$ の導関数，すなわち，

$$v(t) = \frac{\mathrm{d}x}{\mathrm{d}t}$$
(1.15)

である．そこで (1.14) 式に (1.15) 式を代入すると，加速度 $a(t)$ は

$$a(t) = \frac{\mathrm{d}v}{\mathrm{d}t} = \frac{\mathrm{d}}{\mathrm{d}t}\left(\frac{\mathrm{d}x}{\mathrm{d}t}\right) = \frac{\mathrm{d}^2 x}{\mathrm{d}t^2}$$
(1.16)

と表せる．$\mathrm{d}^2 x/\mathrm{d}t^2$ は $x(t)$ を t で 2 回続けて微分したものなので，x の 2 次導関数という．

1.5　等加速度直線運動

一定な加速度で速度が変化している直線運動を**等加速度直線運動**という．時刻 $t=0$ での速度を v_0，一定な加速度 a で等加速度直線運動をする物体の時刻 t での速度を $v(t)$ とすれば，加速度 a は

$$a = \frac{v(t)-v_0}{t}$$
(1.17)

と表せるので，時刻 t での速度 $v(t)$ は

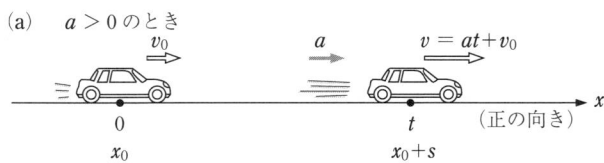
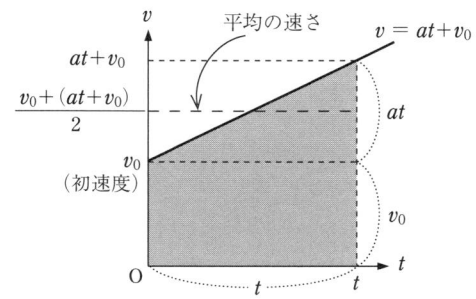
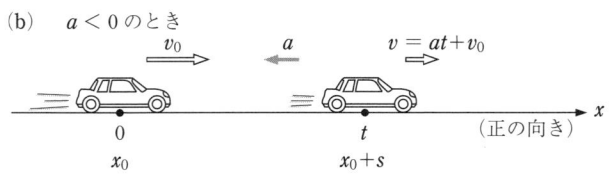
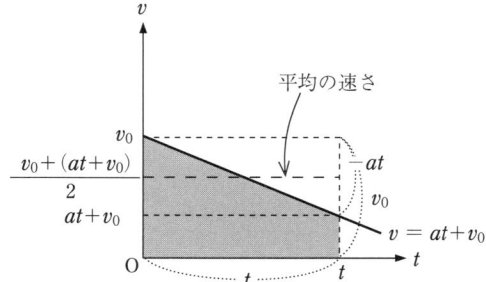

図 1.17 等加速度直線運動．アミの部分の面積 $v_0 t + \frac{1}{2}at^2$ が移動距離 s である．

$$v(t) = at + v_0 \quad \text{（等加速度直線運動での速度）} \quad (1.18)$$

である．(1.18)式は物体の速度 $v(t)$ が時間 t とともに一定の割合 a で増加することを示す．等加速度直線運動とは，等しい時間に速度が等しい変化をする直線運動である．

等加速度直線運動の v-t 図は図 1.17 に示す勾配が a の直線である．時刻 0 と時刻 t の間での平均速度 $\bar{v}$ は $\bar{v} = [(v_0+at)+v_0]/2 = [2v_0+at]/2 = v_0+at/2$ なので，時刻 0 と時刻 t の間での物体の変位（図 1.17 のアミの部分の面積）$x(t)-x_0$ は

$$x(t)-x_0 = \bar{v}t = v_0 t + \frac{1}{2}at^2 \quad (1.19)$$

であり，時刻 t での物体の位置 $x(t)$ は

$$x(t) = x_0 + v_0 t + \frac{1}{2}at^2 \quad \text{（等加速度直線運動での位置）} \quad (1.20)$$

と表されることがわかる．なお，x_0 は時刻 $t=0$ での物体の位置 $x(0)$ である．

例 4　新幹線の加速　ある「こだま」は駅を発車後，198 km/h の速さに達するまでは，速さが 1 秒あたり 0.25 m/s の割合で一様に加速される．つまり，加速度は一定で $a = 0.25$ m/s^2 である．発車してから t 秒後の速度 $v(t)$ は，$a = v(t)/t$ から，

　$v(t) = at$　（等加速度直線運動での速度，$v_0 = 0$ の場合）
$$\tag{1.21}$$

である．速さが 198 km/h = 198×(1/3.6) m/s = 55 m/s になるまでの時間 t は

$$t = \frac{v(t)}{a} = \frac{55 \text{ m/s}}{0.25 \text{ m/s}^2} = 220 \text{ s}$$

である．（例 4 と例 5 では，簡単のため，$+x$ 方向を向いた直線に沿って運動するので，「速度 ＝ 速さ」の場合を考える．）

この間の走行距離 s は図 1.18 の v-t 図の三角形の底辺の長さ $t = 220$ s，高さ $v(t) = at = (0.25 \text{ m/s}^2) \times 220$ s $= 55$ m/s から

$$s = \frac{1}{2}at^2 \tag{1.22}$$
$$= 0.5 \times 220 \text{ s} \times 55 \text{ m/s} = 6050 \text{ m}$$

であることがわかる．

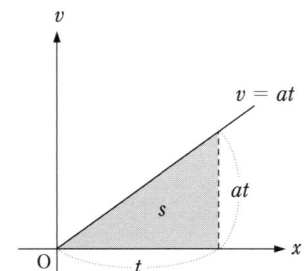

図 1.18　静止物体が一定の加速度 a で時間 t 運動した場合の移動距離は $s = \frac{1}{2}at^2$

静止していた物体が一定な加速度 a で一様に加速されている場合，時間 t が経過したときの速さ $v = at$ と移動距離 $s = at^2/2$ およびこの 2 式から得られる $v^2 = (at)^2 = a(at^2) = 2as$ の 3 つの式，つまり，

$$v = at, \quad s = \frac{1}{2}at^2, \quad v^2 = 2as \tag{1.23}$$

を記憶しておくと便利なことが多い．

例 5　ジェット機の着陸　ブレーキをかけるとジェット機の速さは遅くなる．ジェット機が滑走路に進入速度 $v_0 = 80$ m/s（288 km/h）で進入し，一様に減速して 50 秒間で静止した．このときの平均加速度は

$$\bar{a} = \frac{0 - 80 \text{ m/s}}{50 \text{ s}} = -1.6 \text{ m/s}^2$$

である．加速度がマイナスなのは速度が減少していくことを示す．

このときの着陸距離 s は v-t 図（図 1.19）のアミの部分の底辺 t_1，高さ v_0 の三角形の面積なので，

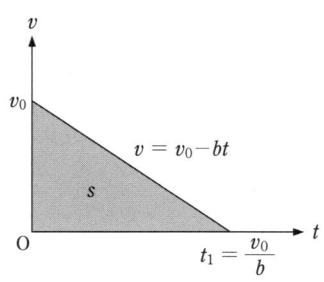

図 1.19　一定の加速度 $-b$ で時間 t_1 減速し静止するまでの移動距離は $s = \frac{1}{2}bt_1^2$

$$s = \frac{1}{2}v_0 t_1 = \frac{1}{2} \times (80 \text{ m/s}) \times (50 \text{ s}) = 2000 \text{ m} \quad (1.24)$$

このように $t=0$ で速さが v_0 の物体が一定の加速度 $-b$（$b>0$）で一様に減速し，距離 s を移動して時刻 t_1 に静止したときには，次の関係が成り立つ．

$$v_0 = bt_1, \quad s = \frac{1}{2}bt_1^2, \quad v_0 t_1 = 2s, \quad v_0^2 = 2bs$$

$$(1.25)$$

> **問 1** x 方向に -5 m/s^2 の等加速度直線運動をしている物体がある．時刻 $t=0$ での速度は 10 m/s であった．
> （1）時刻 t での速度を表す式を求めよ．
> （2）時刻 $t=0$ から $t=5$ s までの移動距離と変位を求めよ．

1.6 重力加速度

■ 重力加速度 ■ 手で石をつかみ，てのひらを静かに開くと石は真下に落下する．これを**自由落下**という．伝説によると，ガリレオはピサの斜塔の上から重い球と軽い球を同時に落下させ，2つの球が地面にほぼ同時に落下することを示したそうである．

ガリレオは空気の抵抗が無視できればすべての物体は正確に同時に地面に落下するという考えをもっていた．ガリレオの死の数年後に真空ポンプが発明された．真空容器の中で鳥の羽と重い金貨を同じ高さから同時に落とせば，鳥の羽と金貨は同時に容器の底にぶつかることが確かめられ，ガリレオの考えの正しさが示された．

球の自由落下を 1/30 秒ごとに光をあてて写したストロボ写真（図 1.20）をみると，一定時間ごとの落下距離の比は 1 : 3 : 5 : 7 : 9 : … の割合で増加しているので，自由落下運動は速さが増加していく加速運動である．

図 1.21（b）を眺めると，初速が 0 の等加速度直線運動では一定時間ごとの落下距離の比が 1 : 3 : 5 : 7 : 9 : … の割合で増加している．つまり，自由落下運動は等加速度直線運動である．

実験によると，空気の抵抗が無視できるときには，あらゆる物体の落下運動の加速度は一定で，大きさはほぼ 9.8 m/s^2 である．この加速度を**重力加速度**といい，記号 g で表す．g は gravity（重力）の頭文字である．

$$g \approx 9.8 \text{ m/s}^2 \quad (1.26)^*$$

■ 自由落下 ■ 初速が 0 の等加速度直線運動である自由落下運動では，落下しはじめてから t 秒後の物体の速さ v と落下距離 s は，

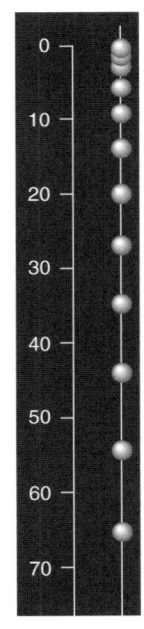

図 1.20 自由落下のストロボ写真．1/30 秒ごとに光をあてて写した写真．物指しの目盛は cm．

* $A \approx B$ は A と B が近似的に等しいこと，あるいは数値的にほぼ等しいことを表す．

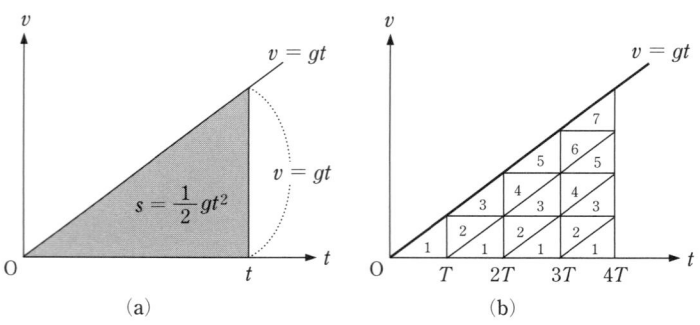

図 1.21 石の自由落下運動．(a) 落下距離 $s = \frac{1}{2}gt^2$．(b) 一定の落下時間 T ごとの落下距離の比は $1:3:5:7:\cdots$．

(1.21)式と(1.22)式の一定の加速度 a を g とおいた，

$$v = gt \quad \text{（自由落下速度）} \tag{1.27}$$

$$s = \frac{1}{2}gt^2 \quad \text{（自由落下距離）} \tag{1.28}$$

である（図1.21(a)）．

> **問2** 図1.20のストロボ写真を利用して，自由落下運動の加速度 g を計算し，$g = 9.8\,\text{m/s}^2$ であることを確認せよ．
>
> **問3** 高さ 122.5 m のところから物体を落とした．地面に届くまでの時間と地面に到着直前の速さを求めよ．速さの単位として，m/s と km/h の両方を使え．空気の抵抗は無視できるものとする．
>
> **問4** 屋上から地面にボールを自由落下させたら，落下時間は 2.0 秒だった．空気の抵抗は無視できるものとして，次の値を求めよ．
> (1) 地上に到達直前のボールの速さ
> (2) 屋上の高さ
> (3) ボールが落下する平均の速さ．

■ **鉛直投げ上げ運動** ■ ここでは，鉛直上向きを x 軸の正の向きに選ぶ．石を真上に速さ v_0 で投げ上げると，下向きに働く重力のために，1秒あたり 9.8 m/s の割合で石の上昇速度 v は減少する．重力加速度 $g = 9.8\,\text{m/s}^2$ を使うと，t 秒後の石の速度 $v(t)$ は

$$v(t) = v_0 - gt \tag{1.29}$$

と表される（図1.22）．

投げてから t 秒後の石の上昇距離，つまり石の高さである，$x(t)$ は，v-t 図1.22(b)の斜線部の台形の面積（長方形の面積 $v_0 t$ から右上の三角形の面積 $gt^2/2$ を引いたもの）なので，

$$x(t) = v_0 t - \frac{1}{2}gt^2 \tag{1.30}$$

である．

最初の間は $v(t) > 0$ なので石は上昇しつづける．やがて v_0

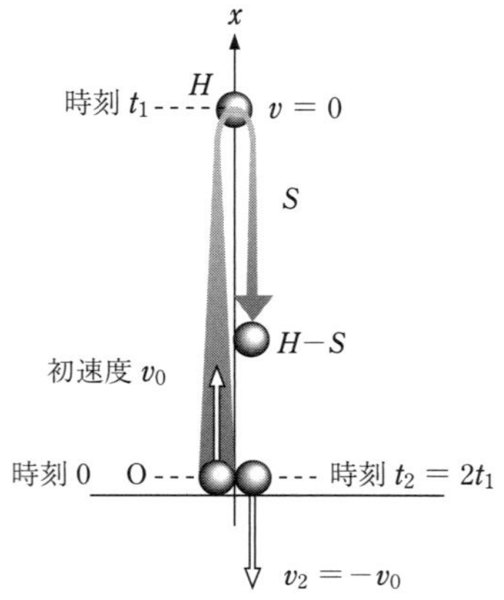

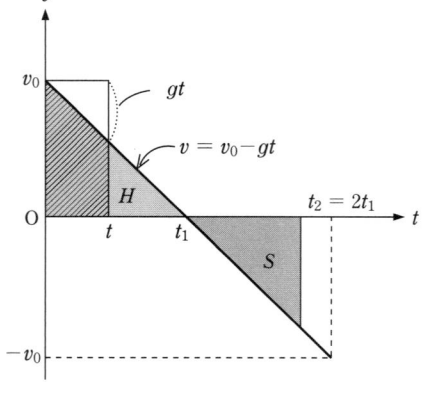

図 1.22 (a) 鉛直投げ上げ運動．(b) 斜線の部分は時刻 t までの上昇距離（高さ）$v_0 t - gt^2/2$．左上のアミの部分の面積 H は最高点までの上昇距離．右下のアミの部分の面積 S は最高点からの落下距離．

$-gt_1 = 0$ を満たす時間 t_1 が経過すると,上昇速度は 0 になるので最高点に到達する.つまり,

$$t_1 = \frac{v_0}{g} \quad \text{(最高点に到達するまでの時間)} \quad (1.31)$$

最高点での石の高さ H は

$$H = \frac{1}{2}v_0 t_1 = \frac{v_0^2}{2g} \quad \text{(最高点の高さ)} \quad (1.32)$$

である.

最高点に到達後の $t > t_1$ の場合には(1.29)式の石の速度 $v(t)$ はマイナスになるが,これは石が落下状態にあり,石の運動方向が鉛直下向きであることを示す.図 1.22 (b) の最高点までの上昇距離 H と最高点からの落下距離 S が等しくなる時刻 t_2

$$t_2 = 2t_1 = \frac{2v_0}{g} \quad \text{(地面に落下するまでの時間)} \quad (1.33)$$

に石は地面 ($x = 0$) に落下する(ここで,人間の高さは無視した).着地直前の石の速度は $v_0 - gt_2 = -v_0$,すなわち投げ上げたときと同じ速さで落ちてくる.なお,(1.33)式の t_2 は,(1.30)式で $x(t_2) = v_0 t_2 - gt_2^2/2 = 0$ とおいた式の解のうち,投げ上げた時刻の 0 でない方の解 $2v_0/g$ としても求められる.

問 5 初速 20 m/s で真上に投げ上げれば,最高点の高さは約何メートルか.何秒後に地面に落下するか.簡単のために,$g = 10 \text{ m/s}^2$ とせよ.

❖ 第 1 章のキーワード ❖

速さ,位置,変位,平均速度,速度(瞬間速度),x-t 図,v-t 図,平均加速度,加速度(瞬間加速度),等加速度直線運動,重力加速度,自由落下,鉛直投げ上げ運動

演習問題 1

A

1. 東海道新幹線の「こだま」には,東京-新大阪を各駅に停車して,4 時間 12 分で走行するものがある.東京-新大阪間の距離を営業キロ数の 552.6 km として,この「こだま」の平均の速さを求めよ.速さの単位として,km/h と m/s の両方の場合を求めよ.

2. x 軸上を運動する物体の位置が次頁の図 1 (a) 〜(f) に示されている.机の角の上で手を動かして,おのおのの場合を示してみよ.

3. 自動車を運転しているとき,前方に子どもが飛び出すなどの緊急事態では急ブレーキを踏んで車を停止させる.時速 50 km で走っている車の運転手が危険を発見してからブレーキを踏むまでの時間(空走時間)が 0.5 秒だとする.この間に自動車が移動する距離(空走距離)を計算せよ.この距離は車が停止するまでの走行距離ではない.

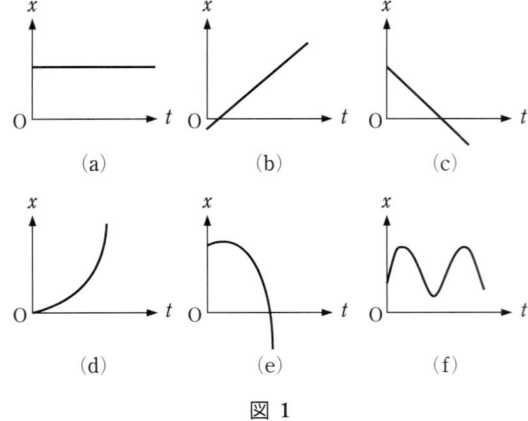

図 1

4. 120 km 離れた 2 点間を 90 km/h でドライブする時間と 60 km/h でドライブする時間の差を求めよ.

5. 世界最速のエレベーター 横浜のランドマークタワーに 2 階から 69 階の展望台までを 38 秒で走行する世界最速のエレベーターがある.出発してから最初の 16 秒間は一定の割合で速度が増加し,最高速度の 12.5 m/s に達した後,6 秒間等速直線運動する.その後 16 秒間は一定の割合で速度が減少していき,69 階に到着する.上向きを $+x$ 方向として,

（1） エレベーターの速度-時刻図（v-t 図）を描け.

（2） エレベーターの加速度を求めよ.

（3） エレベーターの移動距離を計算せよ.

6. 停車していた電車が発車 30 秒後に速度が 18 m/s になった.加速度を求めよ.

7. 性能の良いブレーキとタイヤのついたある自動車では,ブレーキをかけると,約 7 m/s² で減速できる.時速 100 km で走っていた自動車が停止するまでに,どのくらい走行するか.

8. 成田からパリに向かうジェット機は,離陸距離が 3300 m,離陸速度が 330 km/h,着陸の進入速度が 260 km/h,着陸距離が 1750 m である.離陸時と着陸時の平均加速度を求めよ.離陸も着陸も等加速度運動だとせよ.

9. あるジェット機のエンジンはそのジェット機に約 2 m/s² の加速度を与える.離陸するためには約 80 m/s の速さが必要である.離陸するために必要な距離を求めよ.このジェット機は -3 m/s² の加速度で止まる.離陸直前に離陸を中止しても大丈夫なための滑走路の長さを求めよ.

10. 高さ 78.4 m のところから物体を落とした.地面に届くまでの時間と地面に到着直前の速さを求めよ.

11. 屋上から地面に金属球を自由落下させたら,落下時間は 3.0 秒だった.空気の抵抗は無視できるものとして,次の問に答えよ.

（1） 地上に到達直前の金属球の速さ.

（2） 屋上の高さ.

（3） 金属球が落下する平均の速さ.

B

1. x 方向に -10 m/s² の等加速度直線運動をしている物体がある.時刻 $t = 0$ での速度は 20 m/s であった.

（1） 時刻 t での速度を表す式を求めよ.

（2） 時刻 $t = 0$ から $t = 5$ s までの移動距離と変位を求めよ.

2. 図 2 のアミの部分の面積 A を定積分を使って表せ.

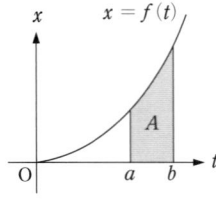

図 2

3. 速度が 30 m/s の車が一様に減速して 100 m 走って停止するための加速度を求めよ.

4. 初速 20 m/s で真上に投げ上げれば,高さが 15 m になるのは何秒後か.そのときの速度はいくらか.簡単のために,$g = 10$ m/s² とせよ.解は 2 つあることに注意せよ.

運動の法則

2

物理学の基礎を築いた人を1人だけあげろといわれれば，誰でも力と運動の物理学である力学を確立したニュートンというだろう．ニュートンが天体の間には万有引力が作用すると提唱し，力の作用を受けた物体の運動の法則を提案した，「プリンキピア」とよばれている著書が出版されたのは1687年である．この年は徳川綱吉が生類憐みの令を布告した年である．日本では元禄時代だった．

力とは物体に作用すると，その物体の運動状態を変化させたり，変形させたりする原因になる作用である．物体にはどのような力が作用するのだろうか？　物体に力が作用するとどのような運動をするのだろうか？　力と運動について学ぶのが力学である．

この章では，ニュートンの運動の法則とそれに密接に関連する諸事項をまず学び，続いて具体的な問題でのニュートンの運動方程式のたて方を学び，放物運動を含む2,3の問題で解き方の実例を学ぶ．物理をはじめて学ぶ読者は，まず直線運動の運動の法則による理解に焦点を絞って学習することをお勧めする．重力が mg と表されることの理解が運動の法則 $m\boldsymbol{a} = \boldsymbol{F}$ の理解の第一歩である．数箇所に微分，それもベクトルの微分がでてくるが，実質的には利用しない．これらを速度と加速度を表す記号と考えれば十分である．無視してもかまわない．なお，この章では，簡単のため，すべてのベクトルの z 成分，z, v_z, a_z, F_z などは無視する．

2.1 速度と加速度

前の章で直線運動をしている物体の速度と加速度を学んだ．ここでは交差点で左折している自動車の運動のように，運動の向きが変わる場合の速度と加速度を学ぶ．

■ **位置ベクトル** ■　物体の運動とは位置の移動だから，まず物体の位置を表す必要がある．そこで，基準の位置（原点）O を始点とし物体の位置 P を終点とする矢印で物体の位置 P を表すことにし，これを物体の位置ベクトルとよび，$\boldsymbol{r}$ という記号を使う（図2.1）．

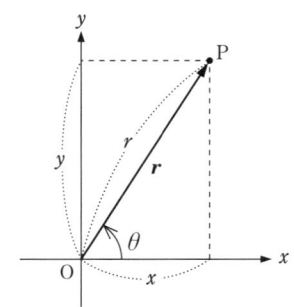

図 2.1　点 P の位置ベクトル $\boldsymbol{r}$
$x = r\cos\theta, \quad y = r\sin\theta$
$r = \sqrt{x^2 + y^2}$

図 2.2 速度 v. ベクトル v の長さ v は速さである.

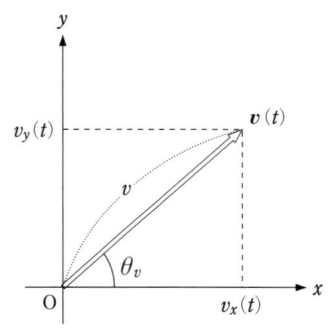

図 2.3 速度 v
$v_x(t) = v\cos\theta_v, \quad v_y(t) = v\sin\theta_v$
$v = |v| = \sqrt{v_x{}^2 + v_y{}^2}$

ベクトルとは大きさと向きの両方をもつ量である．本書ではベクトル量を r のように太文字で表し，ベクトル r の大きさを r あるいは $|r|$ と記す．

原点 O を通り直交する x 軸と y 軸を導入すると，点 P の x 座標と y 座標で位置ベクトル r を

$$r = (x, y) \tag{2.1}$$

と表せる．位置ベクトル r の大きさ（長さ）r は原点 O と物体の位置 P の距離

$$r = \sqrt{x^2 + y^2} \tag{2.2}$$

である（図 2.1）．(2.2)式は，直角三角形の斜辺の長さ（r）の 2 乗は直角をはさむ各辺の長さ（$|x|, |y|$）の 2 乗の和，つまり，$r^2 = x^2 + y^2$ であるというピタゴラスの定理から導かれる．

■ **速 度** ■ 自動車には速度計がついていて，時々刻々の速さを知らせる．速度計は英語ではスピードメーターだが，物理学では英語のスピードを速さとよぶ．同じ速さでも向きが違えば別の運動状態を表すので，物理学では，大きさが速さに等しく，運動の向きを向いた量を考えて，**速度**とよぶ．速度 v は大きさと向きをもつベクトル量で，図 2.2 のように，矢印を使って図示できる．矢の長さが速度ベクトル v の大きさである速さ v を表し，矢の向きが速度ベクトル v の向きである運動の向きを表す．

時刻 t での速度 $v(t)$ の x 成分を $v_x(t)$，y 成分を $v_y(t)$ と記すと，速度 $v(t)$ を

$$v(t) = [v_x(t), v_y(t)] \tag{2.3}$$

と表せる（図 2.3）．速度 v の大きさ，つまり，速さ v は，

$$v = |v| = \sqrt{v_x{}^2 + v_y{}^2} \tag{2.4}$$

である．速度の国際単位は m/s である．

速度 $v(t)$ の x 成分 $v_x(t)$ は，y 軸に平行な光線で物体の運動を x 軸に投影したときの物体の影，つまり物体から x 軸に下ろした垂線の足 $x(t)$ が x 軸上を直線運動する速度 dx/dt である．また，y 成分 $v_y(t)$ は，物体から y 軸に下ろした垂線の足 $y(t)$ が y 軸上を直線運動する速度 dy/dt である（図 2.4）．したがって，速度の成分は

$$v_x(t) = \frac{dx}{dt}, \quad v_y(t) = \frac{dy}{dt} \tag{2.5}$$

と表される（dx/dt は $\Delta x/\Delta t$ の $\Delta t \to 0$ の極限での値である）．図 2.4 からわかるように，時間 Δt での物体の位置ベクトルの変化は変位 $\Delta r = (\Delta x, \Delta y)$ なので，(2.5)式のような成分をもつベクトル

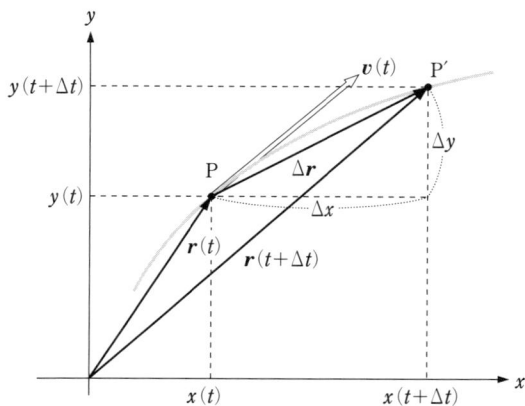

図 2.4 時刻 t から時刻 $t+\Delta t$ の間の変位 $\Delta \boldsymbol{r}$. 平均速度は $\bar{\boldsymbol{v}} = \Delta \boldsymbol{r}/\Delta t$. 時刻 t での瞬間速度 $\boldsymbol{v}(t)$ は運動の道筋の接線方向を向く.

量の速度 $\boldsymbol{v}(t)$ は, 位置ベクトル $\boldsymbol{r}(t)$ の時間変化率で,

$$\boldsymbol{v}(t) = \frac{\mathrm{d}\boldsymbol{r}}{\mathrm{d}t} \tag{2.6}$$

と表される. 速度は物体の位置が時間とともに変化する様子を示す量で, その向きは運動の道筋の接線方向を向いている (図 2.4).

■ 加速度 ■　自動車を運転するとき, アクセルを踏むと速さが増し, ブレーキを踏むと速さが減る. 速さが変化すれば速度も変化する. アクセルもブレーキも踏まないと速さは変化しないが, ハンドルをまわすと自動車の進行方向が変化するので, 速度は変化する.

物体の速度が時間とともに変化する割合を示す量を**加速度**という. 時間 t の間に, 物体の速度が $\boldsymbol{v}_0$ から $\boldsymbol{v}$ に変化すると, 速度の変化は $\boldsymbol{v}-\boldsymbol{v}_0$ である (図 2.5). 速度の変化 $\boldsymbol{v}-\boldsymbol{v}_0$ を時間 t で割った量が, この間の**平均加速度**である. 平均加速度 $\bar{\boldsymbol{a}}$ は $\boldsymbol{v}-\boldsymbol{v}_0$ の方向を向き, $|\boldsymbol{v}-\boldsymbol{v}_0|/t$ という大きさをもつベクトル量

$$\bar{\boldsymbol{a}} = \frac{\boldsymbol{v}-\boldsymbol{v}_0}{t} \tag{2.7}$$

である. 加速度の国際単位は m/s^2 である.

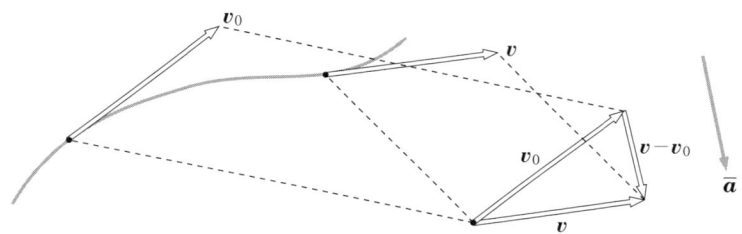

図 2.5　速度の変化 $\boldsymbol{v}-\boldsymbol{v}_0$ と平均加速度 $\bar{\boldsymbol{a}} = (\boldsymbol{v}-\boldsymbol{v}_0)/t$

(2.7)式の両辺に t をかけると
$$\bm{v} - \bm{v}_0 = \bar{\bm{a}} t \tag{2.8}$$
となる．この式は，速度が単位時間（1秒間）あたり，平均して，$\bar{\bm{a}}$ ずつ変化することを示す．加速度 $\bm{a}$ の等加速度運動では，(2.8)式は，$\bar{\bm{a}}$ を $\bm{a}$ で置き換えた式の
$$\bm{v} = \bm{v}_0 + \bm{a} t \tag{2.9}$$
になる．簡単のために，$\bm{v}(t)$ を $\bm{v}$ と記している．

自動車のアクセルを踏むと自動車の進行方向は変わらず速さが増加するので，平均加速度 $\bar{\bm{a}}$ は自動車の進行方向（$\bm{v}_0$ の向き）と同じ向きである（図 2.6 (a)）．自動車のブレーキを踏むと自動車の進行方向は変わらず速さが減少するので，平均加速度 $\bar{\bm{a}}$ は自動車の進行方向（$\bm{v}_0$ の向き）と逆向きである（図 2.6 (b)）．自動車のハンドルをまわすと自動車の速さは変わらず進行方向が変化し，速度の変化 $\bm{v} - \bm{v}_0$ の向き，つまり平均加速度 $\bar{\bm{a}}$ の向きは速度に横向き（厳密には瞬間加速度 $\bm{a}$ が瞬間速度 $\bm{v}$ と垂直）である（図 2.6 (c)）．

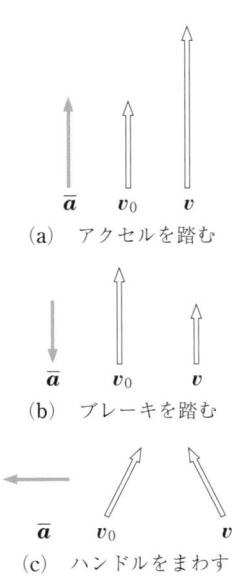

図 2.6　平均加速度 $\bar{\bm{a}}$ と速度の変化 $\bm{v} \to \bm{v}_0$

平均加速度 $\bar{\bm{a}}$ の定義の (2.7) 式の時間 t を非常に短くした極限のベクトルの $\bm{a}$ を瞬間加速度，あるいは単に**加速度**という．加速度 $\bm{a}(t) = [a_x(t), a_y(t)]$ の x 成分 $a_x(t)$ は，物体から x 軸に下ろした垂線の足 $x(t)$ が x 軸上を直線運動する加速度 $dv_x/dt = d^2 x/dt^2$ である．また，y 成分 $a_y(t)$ は，物体から y 軸に下ろした垂線の足 $y(t)$ が y 軸上を直線運動する加速度 $dv_y/dt = d^2 y/dt^2$ である．したがって，

$$\begin{aligned}
\bm{a}(t) = [a_x(t), a_y(t)] &= \frac{d\bm{v}}{dt} = \left(\frac{dv_x}{dt}, \frac{dv_y}{dt} \right) \\
&= \frac{d}{dt}\left(\frac{d\bm{r}}{dt}\right) = \left[\frac{d}{dt}\left(\frac{dx}{dt}\right), \frac{d}{dt}\left(\frac{dy}{dt}\right) \right] \\
&= \frac{d^2 \bm{r}}{dt^2} = \left[\frac{d^2 x}{dt^2}, \frac{d^2 y}{dt^2} \right]
\end{aligned} \tag{2.10}$$

と表される．

2.2　ニュートンの運動の法則

物体の運動を支配する**ニュートンの運動の3法則**を紹介しよう．

■ 運動の第1法則 ■　　まず，運動の第1法則である．

「すべての物体は力が作用しなければ，あるいはいくつかの力が作用してもその合力が **0** ならば，一定の運動状態を保ちつづける*．つまり，静止している物体は静止状態をつづけ，運動

---

* 日本語では，力が働く，力を及ぼす，力を加える，力を受けるなどの表現が多く使われるが，英語では act（作用する）という単語が多用されるので，本書では「力は物体に作用する」という表現を多用する．

している物体は等速直線運動をつづける」.

床の上の物体を押すのをやめると，物体はすぐに止まるので，多くの人は，力が働かなくなると物体はすぐに停止すると思う．押すのをやめると，物体が停止するのは，運動を妨げる摩擦力が作用するからである．昔の人の中には，矢が弓から放たれた後，力が作用しなくなっても飛びつづけるのを見て，物体は同一の運動状態を持続しようとする**慣性**をもつと考えた人たちがいた．そこで，運動の第1法則は**慣性の法則**ともよばれる．

自動車が一定の速さで前進している場合には，自動車を前に押す前向きの力だけが作用しているのではない．そのほかに，自動車の前進を妨げる後ろ向きの空気の抵抗力などが作用していて，それらの合力が 0 であることを，運動の第1法則は意味している．

■ **運動の第2法則** ■　第2法則は単に**運動の法則**ともよばれる．力が物体に作用すると，物体の運動状態，つまり速度が変化する．速度が変化する様子を示す量が加速度である．同じ速さで床の上を動いている重い台車と軽い台車を停止させる場合，同じ力を作用させても，質量の小さな台車に比べ，質量の大きな台車の速度変化は少ない．

運動の第2法則によれば，

「物体の加速度は，その物体に作用する力（いくつかの力が作用している場合はその合力）に比例し，その物体の質量に反比例する」．

つまり，物体に作用する力が 0 でない場合には，物体は力の向きに加速される（図 2.7）．物体の質量は，物体の慣性，つまり運動状態の変化しにくさの度合を示す物体固有の量で，国際単位はキログラム（記号 kg）である．

物体の質量を m，加速度を $\boldsymbol{a}$，力を $\boldsymbol{F}$ と記し，国際単位系を使えば，運動の第2法則は $\boldsymbol{a} = \boldsymbol{F}/m$，つまり

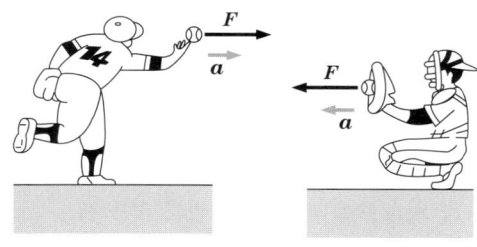

図 2.7　物体の加速度 $\boldsymbol{a}$ は物体に作用する力 $\boldsymbol{F}$ と同じ向きで，大きさは比例する．

$$\text{「質量」}\times\text{「加速度」}=\text{「力」} \quad m\bm{a}=\bm{F} \tag{2.11}$$

と表される．この式を**ニュートンの運動方程式**という．力の国際単位はニュートン $\mathrm{N} = \mathrm{kg \cdot m^2/s^2}$ である．力 $\bm{F}$ や加速度 $\bm{a}$ は

$$\bm{F}=(F_x, F_y), \quad \bm{a}=(a_x, a_y) \tag{2.12}$$

というように，x 成分，y 成分で表される（図 2.8）．そこで，ニュートンの運動方程式を

$$ma_x = F_x, \quad ma_y = F_y \tag{2.13}$$

という成分に対する式として表すことができる．

ひろがっている物体の場合には，(2.11)式の加速度 $\bm{a}$ は物体の重心の加速度であり，力 $\bm{F}$ は物体に作用するすべての力が物体の重心に作用するとした場合の合力（ベクトル和）である．硬い物体（剛体）の運動は，重心の運動と重心のまわりの回転運動を合成した運動である．重心および重心のまわりの回転運動については第10章で学ぶ．

運動の法則が，「力」=「質量」×「加速度」という比例定数が1の式になるのは，質量の単位に kg，加速度の単位に $\mathrm{m/s^2}$，力の単位にそれらの積の $\mathrm{kg \cdot m/s^2}$ を使うからである．つまり，力の単位として，質量 1 kg の物体に働いて $1\,\mathrm{m/s^2}$ の加速度を生じさせる力の大きさを使うからである．力の単位の $\mathrm{kg \cdot m/s^2}$ をニュートン（記号 N）とよぶ（中点の「・」は × を意味する）．

$$\mathrm{kg \cdot m/s^2} = \mathrm{N} \tag{2.14}$$

運動方程式 (2.11) は，質量 m と加速度 $\bm{a}$ がわかっているときには力 $\bm{F}\,(=m\bm{a})$ を求める式で，加速度 $\bm{a}$ と力 $\bm{F}$ がわかっているときには質量 $m\,(=\bm{F}/\bm{a})$ を求める式である．

運動方程式 (2.11) は，質量 m と力 $\bm{F}$ がわかっているときは加速度 $\bm{a}\,(=\bm{F}/m)$ を求める式である．質量 m の物体に一定の力 $\bm{F}$ が作用している場合，加速度 $\bm{a} = \bm{F}/m$ は一定なので，(2.9)式

$$\bm{v} - \bm{v}_0 = \bm{a}t \tag{2.15}$$

が成り立つ．この式の加速度 $\bm{a}$ に $\bm{a} = \bm{F}/m$ を代入すると

$$\bm{v} - \bm{v}_0 = \frac{\bm{F}}{m}t \quad \therefore \quad \bm{v} = \bm{v}_0 + \frac{\bm{F}}{m}t \tag{2.16}$$

となるので，質量 m で速度が $\bm{v}_0$ の物体に一定な力 $\bm{F}$ が時間 t 作用したときの速度 $\bm{v}$ を予言できる．

▌ 運動の第3法則 ▌

最後が**運動の第3法則**である．

「力は2つの物体が作用し合う．物体 A が物体 B に力 $\bm{F}_{\mathrm{B \leftarrow A}}$ を作用していれば，物体 B も物体 A に力 $\bm{F}_{\mathrm{A \leftarrow B}}$ を作用している．2つの力はたがいに逆向きで，大きさが等しい」．つまり

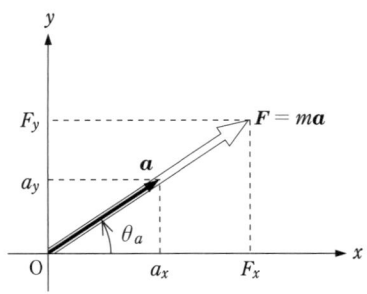

図 2.8　$\bm{F} = (F_x, F_y)$, $\bm{a} = (a_x, a_y)$
$m\bm{a} = \bm{F}\,(ma_x = F_x, ma_y = F_y)$

$$F_{B \leftarrow A} = -F_{A \leftarrow B} \qquad (2.17)$$

物体 A が物体 B に作用する力を作用とよべば，物体 B が物体 A に作用する力を反作用とよぶので，この法則は**作用反作用の法則**ともよばれる（図 2.9）．われわれが前に歩きはじめられるのは，足が地面を後ろに押すと，地面が足を前に押し返すからである．

> **問 1** ボートのオールと池の水の及ぼし合う力に対して作用反作用の法則を使い，ボートが進む状況を説明せよ（図 2.10）．
> **問 2** 図 2.11 の 2 人が押し合うとどうなるか．

> **参考** 微分方程式としてのニュートンの運動方程式
> ニュートンの運動方程式 $ma = F$〔(2.11)式〕の加速度 a に (2.10) を代入すると，微分を含むので微分方程式とよばれる
> $$m\frac{d^2 r}{dt^2} = F \qquad (2.18)$$
> という式が得られる．この式をベクトルの成分に対する式として表すと
> $$m\frac{d^2 x}{dt^2} = F_x, \quad m\frac{d^2 y}{dt^2} = F_y \qquad (2.18')$$
> である．

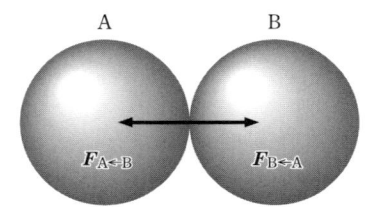

(a) 力 $F_{A \leftarrow B}$ と力 $F_{B \leftarrow A}$，$F_{A \leftarrow B} = -F_{B \leftarrow A}$

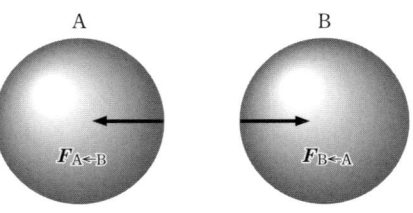

(b) B が A に作用する力 $F_{A \leftarrow B}$ 　(c) A が B に作用する力 $F_{B \leftarrow A}$

図 2.9

図 2.10 作用反作用の法則でボートは進む．

2.3 直線運動での運動の法則

x 軸方向を向いた力 F の作用を受けて，x 軸に沿って直線運動している質量 m の物体の運動の法則は，
$$ma = F \qquad (2.19)$$
である．a は x 軸方向の加速度である．力 F も加速度 a も $+x$ 方向を向いている場合は正で，$-x$ 方向を向いている場合は負である．

例 1 質量 30 kg の物体に力が働いて，物体が 4 m/s² の加速度で運動している．物体に働いている力 F は
$$F = ma = 30\,\text{kg} \times 4\,\text{m/s}^2 = 120\,\text{kg·m/s}^2 = 120\,\text{N}$$

例 2 一直線上を 15 m/s の速さで走っている質量 30 kg の物体を 3 秒間で停止させるには，平均どれだけの力を加えればよいのだろうか．
$$\text{平均加速度}\ \bar{a} = \frac{v - v_0}{t} = \frac{0 - 15\,\text{m/s}}{3\,\text{s}} = -5\,\text{m/s}^2$$
なので，
$$F = m\bar{a} = 30\,\text{kg} \times (-5\,\text{m/s}^2) = -150\,\text{kg·m/s}^2 = -150\,\text{N}$$

図 2.11 2 人が押し合うとどうなるか．

したがって，力の平均の大きさは 150 N である．負符号は，力の向きと運動の向きが逆向きであることを示す．この間の移動距離 s は，(1.25) の第 3 式から

$$s = v_0 t_1 / 2 = (15\,\mathrm{m/s}) \times (3\,\mathrm{s})/2 = 22.5\,\mathrm{m}$$

例3 4 kg の物体に 16 N = 16 kg·m/s² の力が作用すると加速度 a は

$$a = F/m = (16\,\mathrm{kg \cdot m/s^2})/(4\,\mathrm{kg}) = 4\,\mathrm{m/s^2}$$

加速度の向きと力の向きは同じ向きである．

例4 静止していた質量が 2 kg の物体に 20 N の力が 3 秒間作用したときのこの物体の速度 v は

$$v = at = (F/m)t = (20\,\mathrm{N}/2\,\mathrm{kg}) \times (3\,\mathrm{s}) = 30\,\mathrm{m/s}$$

速度 v と力 F は同じ向きである．

2.4 地球の重力

地表付近の空中で物体が落下するのは，地球が物体に引力を作用するからである．この引力を**重力**という．物体に作用する重力の大きさを重さあるいは重量という．

1.6 節で学んだように，空気抵抗が無視できるときには，重力による落下運動の加速度である重力加速度 g は物体によらず一定で，

$$g \approx 9.8\,\mathrm{m/s^2} \tag{2.20}$$

である．そこで，ニュートンの運動の法則 (2.11) によると，物体に働く重力 $\boldsymbol{W}$ は物体の質量 m と鉛直下向きの重力加速度 $\boldsymbol{g}$ の積の $m\boldsymbol{g}$,

$$\boxed{\boldsymbol{W} = m\boldsymbol{g} \quad (\text{大きさは } W = mg)} \tag{2.21}$$

である（図 2.12）．つまり，物体に作用する重力の大きさは質量に比例する．質量は慣性の大きさを表すが，同時に重力を生じさせる原因になるものである．

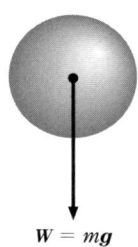

図 2.12 質量 m の物体に働く地球の重力 $\boldsymbol{W} = m\boldsymbol{g}$

(2.21) 式は質量が m [kg] の物体には約 $10m$ [N] の大きさの重力が働くことを示す．たとえば，質量 3 kg の物体には約 30 N の重力が働く．

大きさが 1 N の力といっても，どんな大きさの力かすぐにはピンとこない．そこで，質量が 1 kg の物体に働く重力の大きさを力の実用単位として使い，**1 重力キログラム**（記号 kgf）という．$g \approx 10\,\mathrm{m/s^2}$ なので，1 重力キログラムの力の大きさは約 10 N である．逆に，1 N は約 0.1 kgf，つまり，約 100 グラムの物体の重さである．重力キログラムはわかりやすい単位であるが，地球の重力の大きさは地球上では場所によってわずかな違いがあるので，厳密性が

必要な場合には使えない．そこで，工学では力の実用単位の重力キログラムを次のように定義している．

$$1\,\mathrm{kgf} = 9.80665\,\mathrm{N} \qquad (2.22)$$

重さは場所で異なるが，慣性の大きさは場所によって変化しない物体に固有の量である．たとえば，月面では，重力加速度は地球上での約 1/6 になり，鉄球の重さは地球上の約 1/6 になる．しかし，月面上を転がっている鉄球（質量 m）を加速度 a で停止させるために必要な力の大きさ（$F = ma$）は地球上で同じ鉄球を同じ加速度で停止させるのに必要な力と同じ大きさである．

広がった物体に対しては，その各部分に重力が作用する．しかし，硬い物体の場合，その合力が（第 10 章で学ぶ）重心とよばれる点に作用するとみなせる．

■ **万有引力** ■　地球が地上の物体に及ぼす重力の原因は地球と物体の間に作用する万有引力である．ニュートンは，すべての 2 物体はその質量の積に比例する引力で引き合っていると考え，この力を万有引力とよんだ．ニュートンは太陽のまわりの地球や他の惑星の公転運動などから，万有引力の大きさは 2 物体間の距離の 2 乗に反比例することを見出した．ニュートンの発見した**万有引力の法則**は次のとおりである．

「2 物体が作用し合う万有引力の大きさ F は，2 物体の質量 m と M の積の mM に比例し，物体間の距離 r の 2 乗に反比例する」．

式で表すと，

$$F = G\frac{mM}{r^2} \qquad (2.23)$$

となる（図 2.13）．広がった 2 つの物体の間に働く万有引力は，物体を微小な部分の和だとみなして，各部分の間に働く万有引力の合力だと考えればよい．そうすると，球対称な 2 つの物体 A と B との間に働く万有引力は，A, B の質量がそれぞれの中心に集まっている場合に働く万有引力と同じであることが証明できる．

半径 R_E，質量 M_E の地球の表面付近にある質量 m の物体に作用する地球の重力 mg は，地球の全質量が地球の中心に集まっている場合の万有引力と同じなので，

$$mg = G\frac{mM_\mathrm{E}}{R_\mathrm{E}^2} \qquad (2.24)$$

と表される．

万有引力の法則に現れる比例定数 G は**重力定数**とよばれ，図

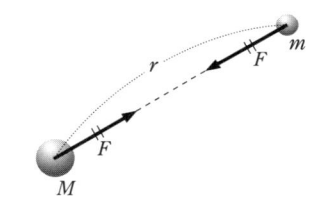

図 2.13　万有引力，$F = G\dfrac{mM}{r^2}$

(a) 実験装置　　　　　　　(b) 装置の原理

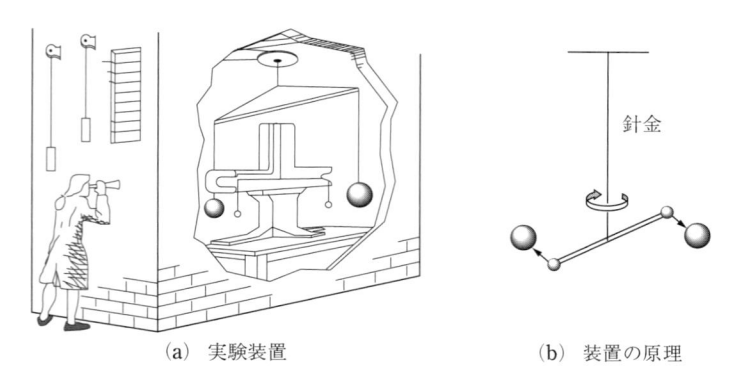

図 2.14　キャベンディッシュの実験

2.14 に示すねじれ秤を利用する実験装置を使って，英国のキャベンディッシュが 1798 年にはじめて測定に成功した．実験室にある物体の間の万有引力はきわめて弱い．たとえば，質量 100 kg と 1 kg の鉛の球をほとんど接触しそうに近づけておいても，鉛の球の間に働く万有引力の大きさは，質量が 4000 万分の 1 kg の物体に働く地球の重力の大きさとほぼ同じという弱さである．この弱い力がねじれ秤の細い針金をねじる角度を測定して，鉛の球の間に作用する万有引力の強さを求め，重力定数を決めたのである．

重力定数 G がこのようにしてはじめて測定されたのは，ニュートンが万有引力の法則を発見してから 100 年以上も後のことであった．最近の測定値は

$$G = 6.67 \times 10^{-11} \, \text{m}^3/\text{kg} \cdot \text{s}^2 \quad (2.25)$$

である．

天体の間に働く万有引力の重力定数 G が地球上の実験室で決められるのは，万有引力がすべての物体の間に働く力であるという，普遍性の表れである．万有引力は質量の大きい物体が関係するときにのみ重要である．万有引力は天体を結びつけて，銀河系，恒星，太陽系などをつくる力であり，地表付近では物体を落下させる力である．

重力定数 G の値が測定されたので，(2.24)式から導かれる，$M_E = gR_E^2/G$ という関係に，地球の半径 R_E の値の 6.37×10^6 m と重力加速度 g の値の 9.8 m/s^2 を代入すると，地球の質量 M_E の値が 6.0×10^{24} kg であることがわかる．そこで，キャベンディッシュは自分の実験を地球の質量を測る実験とよんだ．

2.5 ベクトル

ここでベクトルについてまとめて説明しよう．すでに説明したことの繰り返しもあるので，必要に応じて読んでほしい．

■ **ベクトル** ■ 速度のように，大きさと向きをもつ量を**ベクトル**という．本書ではベクトルを $\boldsymbol{A}$ というように太文字の記号で表し（図 2.15），ベクトル $\boldsymbol{A}$ の大きさを細文字の記号 A あるいは $|\boldsymbol{A}|$ と記す．ベクトルを数値的に表すには座標軸を導入する．簡単のために，ベクトル $\boldsymbol{A}$ が xy 平面上に乗っている場合を考えると，ベクトル $\boldsymbol{A}$ を x 軸方向成分 A_x と y 軸方向成分 A_y で表せる．そこで，

$$\boldsymbol{A} = (A_x, A_y) \tag{2.26}$$

と記す．

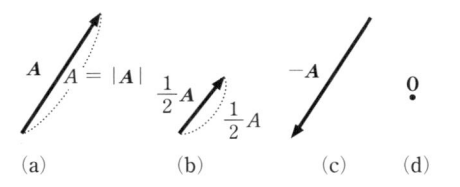

図 2.15 ベクトル $\boldsymbol{A}$ の実数倍

■ **ベクトルの実数倍** ■ k を実数とすると，$k\boldsymbol{A}$ は，大きさがベクトル $\boldsymbol{A}$ の大きさ $|\boldsymbol{A}|$ の $|k|$ 倍で，$k>0$ なら $\boldsymbol{A}$ と同じ向き，$k<0$ なら $\boldsymbol{A}$ と逆向きのベクトルである（図 2.15）．したがって，$-\boldsymbol{A}$ は $\boldsymbol{A}$ と同じ大きさをもち，$\boldsymbol{A}$ と逆向きのベクトルである（図 2.15 (c)）．長さが 0 のベクトルを零ベクトルとよび，$\boldsymbol{0}$ と書く（図 2.15 (d)）．

ベクトル $\boldsymbol{A} = (A_x, A_y)$ を k 倍したベクトル $k\boldsymbol{A}$ の成分は，$\boldsymbol{A}$ の各成分の k 倍である．

$$k\boldsymbol{A} = (kA_x, kA_y) \tag{2.27}$$

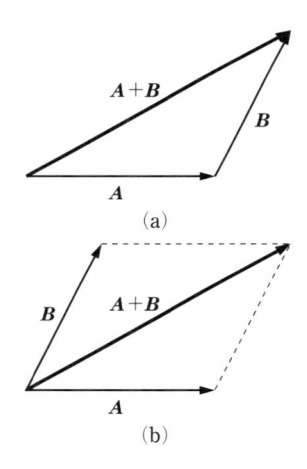

■ **ベクトルの和** ■ ベクトルは大きさと向きをもつ量で，図 2.16 に示されている平行四辺形の規則によって加法（足し算）が定義される量である．任意の 2 つのベクトル $\boldsymbol{A}$ と $\boldsymbol{B}$ の和 $\boldsymbol{A}+\boldsymbol{B}$ は，ベクトル $\boldsymbol{B}$ を平行移動して，ベクトル $\boldsymbol{B}$ の始点をベクトル $\boldsymbol{A}$ の終点に一致させたときに，ベクトル $\boldsymbol{A}$ の始点を始点としベクトル $\boldsymbol{B}$ の終点を終点とするベクトルとして定義される（図 2.16 (a)）．ベクトル $\boldsymbol{A}$ と $\boldsymbol{B}$ の和の $\boldsymbol{A}+\boldsymbol{B}$ は $\boldsymbol{A}$ と $\boldsymbol{B}$ を相隣る 2 辺とする平行四辺形の対角線でもある（図 2.16 (b)）．図 2.16 からわかるように

$$\boldsymbol{A}+\boldsymbol{B} = \boldsymbol{B}+\boldsymbol{A} \tag{2.28}$$

である．

図 2.16 2 つのベクトル $\boldsymbol{A}, \boldsymbol{B}$ の和，$\boldsymbol{A}+\boldsymbol{B} = \boldsymbol{B}+\boldsymbol{A}$

2 つのベクトル $\boldsymbol{A} = (A_x, A_y)$ と $\boldsymbol{B} = (B_x, B_y)$ の和 $\boldsymbol{A}+\boldsymbol{B}$ の x 成分，y 成分は 2 つのベクトル $\boldsymbol{A}, \boldsymbol{B}$ の各成分の和，

$$\boldsymbol{A}+\boldsymbol{B} = (A_x+B_x, A_y+B_y) \tag{2.29}$$

である（図 2.17）．3 つ以上のベクトルの和も同じようにして求め

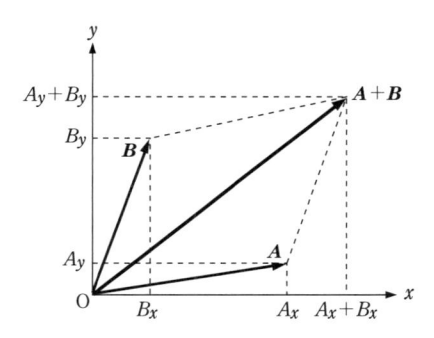

図 2.17 $\boldsymbol{A}+\boldsymbol{B}$ の成分は 2 つのベクトル $\boldsymbol{A}, \boldsymbol{B}$ の成分の和である．
$\boldsymbol{A}+\boldsymbol{B} = (A_x+B_x, A_y+B_y)$

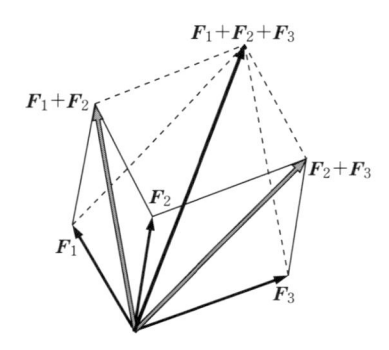

図 2.18 3つのベクトル F_1, F_2, F_3 の和．$F_1+F_2+F_3$

3つのベクトル F_1, F_2, F_3 の和を求めるには，まず F_1 と F_2 の和を平行四辺形の規則を使って求め，次に，この和 F_1+F_2 と F_3 のベクトル和を，平行四辺形の規則を使って，$(F_1+F_2)+F_3$ として求めればよい．2つのベクトル F_2, F_3 の和の F_2+F_3 をまず求め，次に F_1 と F_2+F_3 のベクトル和を $F_1+(F_2+F_3)$ として求めても同じ結果が得られる．このようにして求めた3つのベクトル F_1, F_2, F_3 の和を $F_1+F_2+F_3$ と記す．

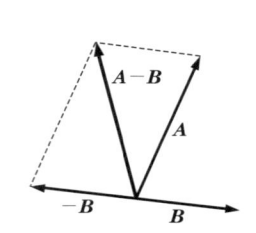

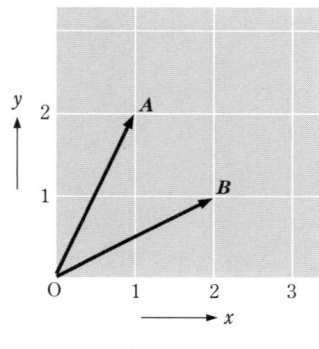

図 2.19 $A-B = A+(-B)$

図 2.20

られる（図 2.18）．

ベクトル A からベクトル B を引き算した $A-B$ を求めるには，ベクトル B の -1 倍の $-B$ とベクトル A の和の $A+(-B)$ を求めればよい（図 2.19）．

問 3 図 2.20 の2つのベクトル $A=(1,2)$, $B=(2,1)$ の和 $A+B$ を求めよ．

例 5（相対速度） 物体1の速度を v_1，物体2の速度を v_2 とすると，物体2に対する物体1の**相対速度**（物体2から見た物体1の速度）v_{12} は

$$v_{12} = v_1 - v_2 \qquad (2.30)$$

である．無風状態では雨滴は速度 v_1 で鉛直に落下する．静止している人は傘を真上に向けてさせばよい．この雨の中を速度 v_2 で歩く人にとっては，雨滴の速度 v_{12} は $v_{12} = v_1 - v_2$ である（図 2.21）．歩いている人は傘の先を斜め前方（$-v_{12}$ の方向）に向けて歩くと雨に濡れない．

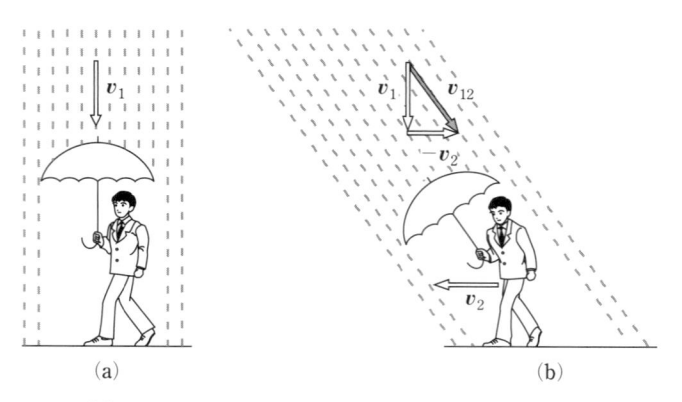

図 2.21 (a) 雨滴は鉛直下方に速度 v_1 で落下する．(b) 速度 v_2 で歩く人は，雨滴の速度（雨滴の人間に対する相対速度）を $v_{12}=v_1-v_2$ だと観測するので，傘の先を $-v_{12}$ の方向に傾けないと濡れる．

2．運動の法則

2.6 力について

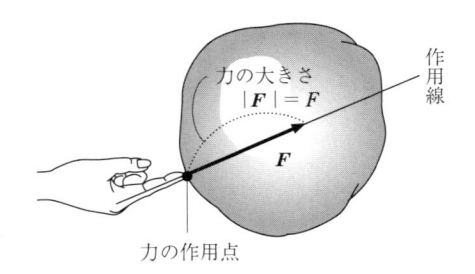

力は2つの物体が作用し合う．その結果，それぞれの物体は運動状態を変えたり，変形したりする．つまり，**力**とは，物体の運動状態を変化させたり，変形させたりする原因になる作用である．歴史的には，手でものを押したり引いたりするときの筋肉の感覚からでた言葉である．

力を表すには，力の大きさと向き，それに力が物体に作用する点の力の**作用点**を示す必要がある．力を図示する場合，作用点を始点とし，力の方向を向き，長さが力の大きさに比例する矢印を使う（図2.22）．力の作用点を通り力の方向を向いた直線を力の**作用線**という．したがって，力を表す矢印は力の作用線にのっている．

図2.22 力の作用点と作用線

合力

いくつかの力が1つの物体に作用しているとき，これらの力の効果と同じ効果を与える1つの力をこれらの力の**合力**という．2つの力 F_1 と F_2 の作用線が1点で交わるとき，この2つの力の効果は，2つの力 F_1 と F_2 から平行四辺形の規則で求めた1つの力

$$F = F_1 + F_2 \tag{2.31}$$

の作用線が交点を通る場合の効果に等しいことが実験によって確かめられている（図2.23）．したがって，F_1 と F_2 の合力 F は作用線の交点に作用する F_1+F_2 である．

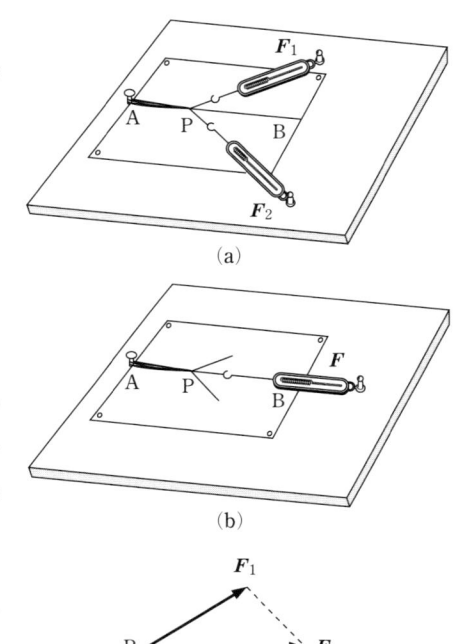

力の分解

1つの力をこれと同じ働きをする2つの力に分けることができる．図2.23(c)の平行四辺形の関係を逆に使って，1つの力 F を任意の2方向を向いた2つの力に分けることができるのである．この2方向を水平方向（x 方向）と垂直方向（y 方向）に選ぶと，xy 面に平行な力 F を，水平方向を向いた力と垂直方向を向いた力の2つの力に分けることができる（図2.24）．1つの力をそれと同じ働きをする2つの力に分けることを**力の分解**といい，分

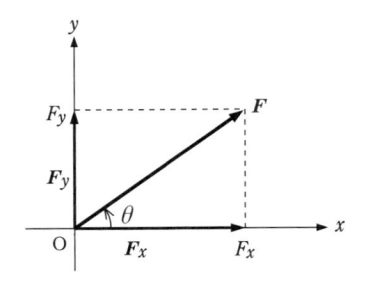

図2.23 2つの力 F_1, F_2 の合力
(a) 同じ点Pに働く2つの力 F_1, F_2 の作用
(b) 2つの力 F_1, F_2 と同じ効果（ゴムを同じ方向に同じ長さだけ伸ばす）を与える力 F
(c) $F = F_1 + F_2$

力 F の x 成分：$F_x = F\cos\theta$,
力 F の y 成分：$F_y = F\sin\theta$

図2.24 力 F の分解

図 2.25 同じ点に作用する2力 F_1, F_2 がつり合う条件は $F_1+F_2=0$

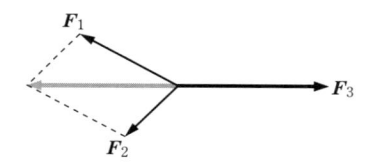

図 2.26 同じ点に作用する3力 F_1, F_2, F_3 がつり合う条件は $F_1+F_2+F_3=0$

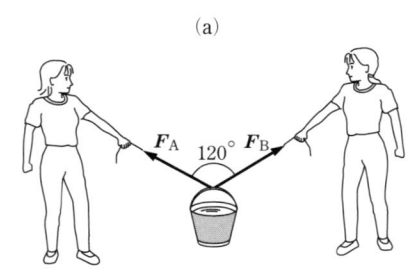

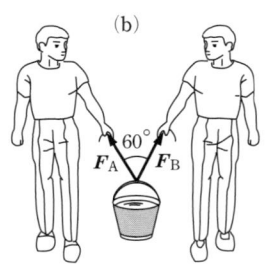

図 2.27

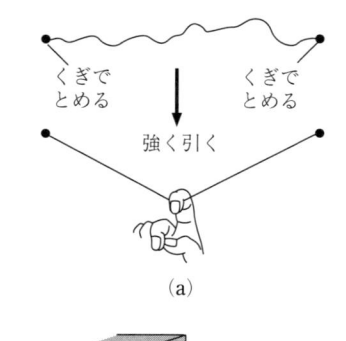

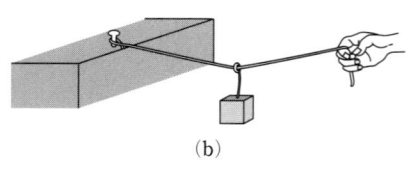

図 2.28

けて求められた2つの力をもとの力の分力という．

■ 力のつり合い ■ 2つ以上の力 $F_1, F_2, \cdots$ が作用している物体の運動状態が変化しないとき，つまり，物体の各部分の速度が変化しないとき，これらの力はつり合っているという．

1つの物体の同一の点に2つの力 F_1 と F_2 が作用している場合，F_1 と F_2 がつり合う条件は F_1 と F_2 は同じ大きさで，たがいに逆向きなことである．力 F と同じ大きさで，逆向きのベクトルを $-F$ と記すので，F_1 と F_2 がつり合う条件は

$$F_1 = -F_2 \tag{2.32}$$

である．これを，2つの力 F_1 と F_2 の合力が0であることを示す，

$$F_1 + F_2 = 0 \tag{2.33}$$

と表してもよい（図2.25）．

同じ点に作用する3つの力 F_1, F_2, F_3 がつり合うためには，2つの力 F_1 と F_2 の合力 F_1+F_2 と第3の力 F_3 がつり合わなければならないので，

$$F_1 + F_2 = -F_3 \tag{2.34}$$

つまり，3つの力のベクトル和が0，

$$F_1 + F_2 + F_3 = 0 \tag{2.35}$$

である（図2.26）．

物体に作用するすべての力 $F_1, F_2, \cdots$ が，同じ点に作用するか，それらの作用線が1点で交わるときには，つり合うための条件は，ベクトル和が0，つまり，

$$F_1 + F_2 + \cdots = 0 \tag{2.36}$$

である．(2.36)式を成分で表すと，

$$F_{1x} + F_{2x} + \cdots = 0, \quad F_{1y} + F_{1y} + \cdots = 0 \tag{2.36'}$$

となる．

問4 図2.27のように，質量30 kgの荷物を2人で持つとき，それぞれは何kgfの力を作用しなければならないか．(a)と(b)の場合について求めよ．2人の作用する力 F_A, F_B と鉛直下向きの大きさ30 kgfの重力 F がつり合うことを使え．$\cos 30° = \sqrt{3}/2 \fallingdotseq 0.866$，$\cos 60° = 1/2$ である．

問5 (1) ぐにゃぐにゃになった針金を両手で持って引っ張っても，なかなかまっすぐに伸びない．しかし，図2.28(a)のように両端を固定して中央を強く引くと簡単にまっすぐにすることができる．理由を述べよ．

(2) 図2.28(b)のように荷物を中央にぶら下げた針金の一端を固定し，他端を強く引く場合，いくら強く引いても針金を一直線にできない理由を述べよ．

2. 運動の法則

2.7 運動方程式のたて方と解き方

運動の法則がわかったので，運動方程式のたて方と解き方を学ぼう．

■ **運動方程式のたて方** ■　具体的な運動の運動方程式は次のような手順で求められる．

（1）どの物体について運動方程式をたてるのかを決め，その物体に働く力をすべて図示し，記号または数値（単位は N）を記入する．

（2）物体の加速度の向きを図示し，適当な記号をつける．

（3）加速度の方向を考え，適当な座標軸を決め，各座標軸方向の運動方程式をたてる．

x 方向　$ma_x = F_{1x} + F_{2x} + \cdots$　（力の x 成分の和）

y 方向　$ma_y = F_{1y} + F_{2y} + \cdots$　（力の y 成分の和）

(2.37)

（4）連結した物体を 1 つの物体の系（つまり集団）として全体の運動を考えるとき，その物体系内で相互に及ぼし合う作用・反作用の力は，物体系の**内力**とよばれ，(2.37) 式では打ち消し合うので，物体系全体の運動には，無関係である（次の例題 1 を参照）．

■ **運動方程式の解き方** ■　運動方程式を解く一般的な手順は存在しない．問題ごとに適切な解き方を考えなければならない．簡単な場合としては，

（1）外的条件で物体が運動できない方向の合力の成分は 0 である．たとえば，水平な床の上での物体の運動の場合には，物体の鉛直方向の速度も加速度も 0 であり，したがって，物体に作用する合力の鉛直方向成分は 0 である．

（2）物体に作用する力 F のある方向の成分が 0 であれば，物体の速度のその方向の成分は一定である．つまり，物体のその方向への運動は等速運動である（静止しつづける場合を含む）．

（3）物体に作用する力 F のある方向の成分が一定であれば，物体の加速度のその方向の成分は一定である．つまり，物体のその方向への運動は等加速度運動である．

などの場合がある．

その他の場合には，一般に微分方程式として表されたニュートンの運動方程式 (2.18) を解かねばならない．つまり，(2.18) 式に代入すれば，左右両辺が等しくなるような時刻 t の関数 $\boldsymbol{r}(t) = [x(t), y(t)]$ を探さねばならない．その運動を適切に表現する関数を探すのである．たとえば，振り子の振動を表す解には，振動する関数のサイン関数あるいはコサイン関数がでてくる．振り子の振動については第 4 章で詳しく説明する．

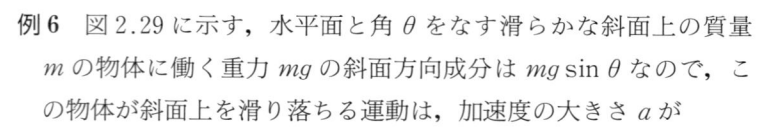

例 6 図 2.29 に示す，水平面と角 θ をなす滑らかな斜面上の質量 m の物体に働く重力 mg の斜面方向成分は $mg\sin\theta$ なので，この物体が斜面上を滑り落ちる運動は，加速度の大きさ a が

$$a = mg\sin\theta/m = g\sin\theta \tag{2.38}$$

の等加速度直線運動である．重力 mg の斜面に垂直な方向の成分 $mg\cos\theta$ は，斜面が物体に作用する垂直抗力 N とつり合う（垂直抗力については第 5 章参照）．

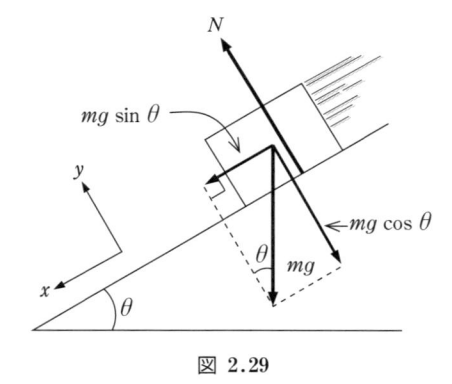

図 2.29

例題 1 2 つの金属の輪 A, B を図 2.30 (a) のように軽い糸でつなぎ，輪 A を手の力 F で鉛直上方に引き上げるときの輪 A, B の加速度を求めよ．輪 A, B の質量を m_A, m_B とし，糸は伸びないものとする．

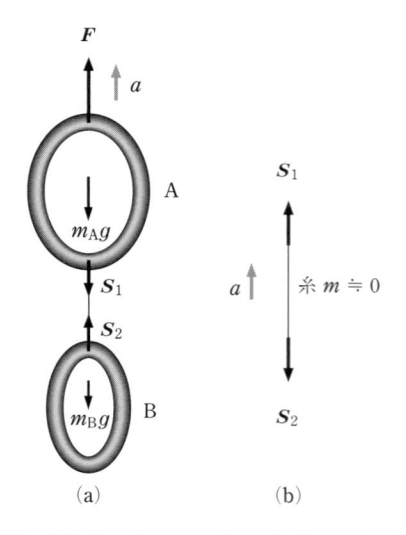

解 2 つの輪と糸の速度も加速度も同じである．この共通の加速度を a とおく．糸の質量を $m \fallingdotseq 0$ として，まず糸の鉛直方向の運動方程式をたてると (図 2.30 (b))，

　糸　　$S_1 - S_2 - mg = ma$

　　　　$\therefore\ S_1 - S_2 = m(a+g) \fallingdotseq 0 \tag{2.39}$

次に輪 A, B の鉛直方向の運動方程式をたて，$S_1 = S_2$ という結果を使うと，

　輪 A　$m_A a = F - m_A g - S_1 \tag{2.40 a}$

　輪 B　$m_B a = S_2 - m_B g = S_1 - m_B g \tag{2.40 b}$

2 つの輪の式の左右両辺をそれぞれ加えると，

$$(m_A + m_B) a = F - (m_A + m_B) g \tag{2.41}$$

となるので，輪の加速度 a は，

$$a = \frac{F}{m_A + m_B} - g \tag{2.42}$$

$(m_A + m_B) a = F - (m_A + m_B) g$ という運動方程式 (2.41) は，質量 $m_A + m_B$ の 2 つの輪に作用する外力は，手の力 F と重力 $-(m_A + m_B) g$ だけであることからただちに導ける．内力である糸の張力 S_1 と S_2 は打ち消し合う．$S_1 = S_2$ から軽い糸の張力はどこでも同じであることがわかる．

図 2.30　(b) $S_1 - S_2 = ma + mg \fallingdotseq 0$　　$\therefore\ S_1 = S_2$

問 6 例題 1 での糸の張力は $m_B F/(m_A + m_B)$ であることを示せ．

問 7 例題 1 で糸の質量を無視しなければ，加速度 a に対する (2.42) 式はどう変更されるか．

2.8 放物運動

ニュートンの運動の法則の応用例として放物運動を考える．

■ **水平投射運動** ■ 机の上のパチンコ玉を指ではじいて床に落下させてみる（図 2.31）．玉が机の縁を離れる瞬間に，別の玉を机の横から床へ自由落下させると，2 つの玉は床に同時に落ちることがわかる．2 つの玉の落下をストロボ写真にとると（図 2.32），2 つの玉の高さはつねに同じなので，指ではじかれた玉の鉛直方向の運動は自由落下運動と同じであることがわかる．玉の水平方向の運動は等速運動であることもストロボ写真からわかる．

このような事実は，成分で表したニュートンの運動の法則 (2.13)

$$ma_x = F_x, \quad ma_y = F_y \tag{2.13}$$

から導ける．玉が机から離れるところを原点 O，玉の投射方向を $+x$ 方向，鉛直下方を $+y$ 方向に選ぶ．質量 m の玉に，空中で作用する力は，鉛直下向き（$+y$ 方向）の地球の重力 mg だけなので，

$$F_y = mg \tag{2.43a}$$

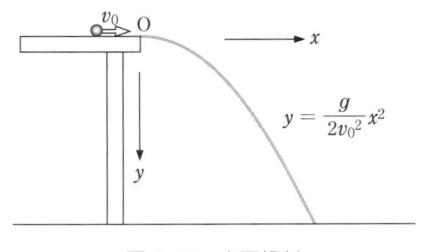

図 2.31 水平投射

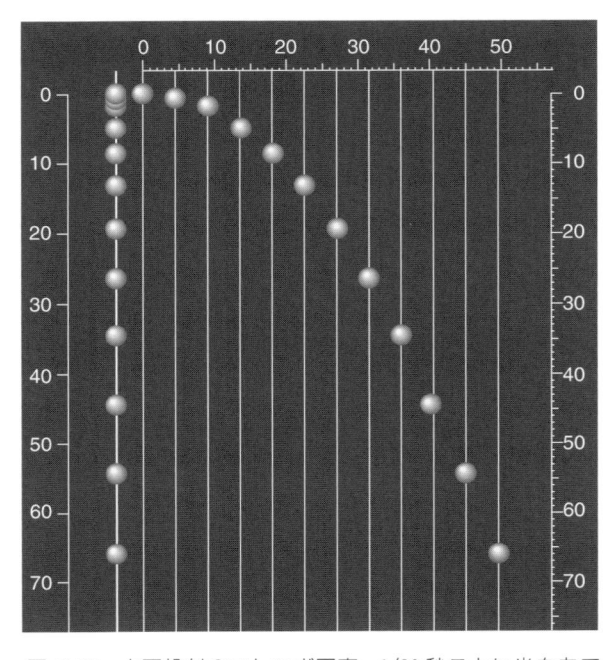

図 2.32 水平投射のストロボ写真．1/30 秒ごとに光をあてて写した写真．物指しの目盛は cm

である．水平方向の力は作用していないので，
$$F_x = 0 \tag{2.43 b}$$
である．

ニュートンの運動の法則は
$$ma_x = F_x = 0, \tag{2.44 a}$$
$$ma_y = F_y = mg \tag{2.44 b}$$
となるので，これから
$$a_x = 0 \tag{2.45 a}$$
$$a_y = g \tag{2.45 b}$$
が導かれる．

x 軸方向（水平方向）の運動は，加速度が $a_x = 0$，つまり，速度が一定な等速運動である．

y 軸方向（鉛直方向）の運動は，加速度が $a_y = g = $ 一定 なので，重力加速度 g での等加速度運動である．このようにして，ニュートンの運動の法則と地球の重力は mg であることから，ストロボ写真でとらえた落下現象が説明された．

玉の運動の道筋（軌道）を求めてみよう．玉の初速を v_0 とすると，玉の水平方向（x 方向）の運動は速さ v_0 の等速運動なので，玉が机を離れてからの時間が t のときには，
$$x = v_0 t \quad \text{（水平方向の移動距離）} \tag{2.46}$$
である．玉の鉛直方向の運動は自由落下運動（初速が 0 の重力加速度 g での等加速度運動）なので，このときの落下距離 y は，(1.28) 式から
$$y = \frac{1}{2} g t^2 \quad \text{（落下距離）} \tag{2.47}$$
であることがわかる．(2.46) 式から導かれる $t = x/v_0$ を (2.47) 式に代入すると，次の関係
$$y = \frac{g x^2}{2 v_0^2} \quad \text{（水平に投射された物体の軌道）} \tag{2.48}$$
が得られる．(2.48) 式は机の上からはじき落とされた玉の軌道を表す．

例題 2 高さ $H = 4.9$ m の崖の上から初速 $v_0 = 5$ m/s で水平に海に飛び込んだ．着水までの時間 t_1 を求めよ．崖の真下から着水地点までの距離 x_1 を求めよ．

解 (2.47) 式で，$t = t_1$ のとき，$y = H$ なので，

$$H = \frac{1}{2} g t_1^2$$
$$\therefore \quad t_1 = \sqrt{\frac{2H}{g}} = \sqrt{\frac{2 \times 4.9 \text{ m/s}}{9.8 \text{ m/s}^2}} = 1.0 \text{ s}$$

崖の真下から着水地点までの距離 x_1 は

$$x_1 = v_0 t_1 = v_0 \sqrt{\frac{2H}{g}} = (5\,\mathrm{m/s}) \times (1\,\mathrm{s}) = 5\,\mathrm{m}$$

問8 一定の速さで歩いている人が手にもっていたボールをそっと放した．ボールが道路に落ちた地点とそのときの人間の位置の関係を示せ．

■ **放物運動** ■　水平な地面の上で石を斜めに初速 v_0 で投げる場合を考える（図 2.33 (a)）．水平方向を $+x$ 方向，鉛直上向きを $+y$ 方向とする．空気抵抗を無視すると，石に作用する力は地球の重力だけである．したがって，

$$F_x = 0, \quad F_y = -mg \tag{2.49}$$

で，ニュートンの運動の法則は

$$ma_x = F_x = 0, \quad ma_y = F_y = -mg \tag{2.50}$$

となるので，これから

$$a_x = 0, \quad a_y = -g \tag{2.51}$$

が導かれる（$+y$ 方向の向きが水平投射の場合とは逆向きであることに注意すること）．初速度 $\boldsymbol{v}_0$ が水平となす角を θ_0 とする．初速度の水平方向成分（x 成分）は $v_0 \cos\theta_0$，鉛直方向成分（y 成分）は $v_0 \sin\theta_0$ である．

水平方向（x 方向）の運動は，加速度が $a_x = 0$ なので，速さ v_x がはじめの値 $v_0 \cos\theta_0$

$$v_x = v_0 \cos\theta_0 \quad (\text{速度の水平方向成分}) \tag{2.52}$$

の等速運動である．したがって，投げてから時間 t のときの水平方向の移動距離 x は

$$x = (v_0 \cos\theta_0) t \quad (\text{水平方向の移動距離}) \tag{2.53}$$

である．

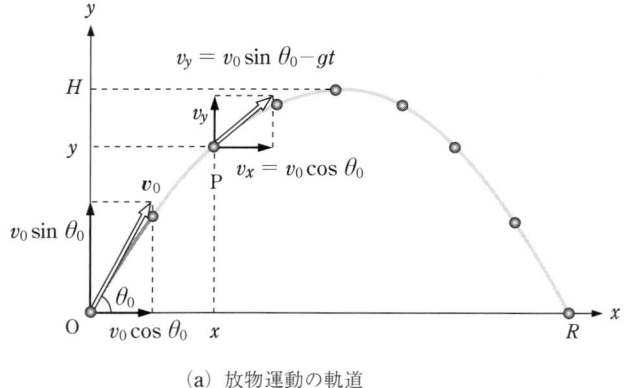

(a) 放物運動の軌道

(b) $v_x = v_0 \cos\theta_0$
　　$v_y = v_0 \sin\theta_0 - gt$

図 **2.33** 放物運動

y 軸方向（鉛直方向）の運動は，加速度が $a_y = -g$ なので，石の速度の鉛直方向成分（y 成分）v_y は放り投げたときの $v_0 \sin \theta_0$ から下向きの重力加速度 $-g$ で減少していく．したがって

$$v_y = v_0 \sin \theta_0 - gt \quad \text{（速度の鉛直方向成分）} \quad (2.54)$$

となる（図 2.33 (b)）．この式は真上に投げ上げた場合の速度の式 (1.29) の v_0 を $v_0 \sin \theta_0$ で置き換えた式になっている．したがって，石が手を離れてから時間 t が経過したときの高さ y は，(1.30) 式の右辺の v_0 を $v_0 \sin \theta_0$ で置き換えれば得られる．

$$y = (v_0 \sin \theta_0) t - \frac{1}{2} g t^2 \quad \text{（高さ）} \quad (2.55)$$

石が最高点に到達するまでの時間 t_1 は，(2.54) 式の v_y が 0 になる，

$$t_1 = \frac{v_0 \sin \theta_0}{g} \quad \text{（最高点に到達するまでの時間）} \quad (2.56)$$

で，最高点の高さ H は，(2.56) 式の t_1 を (2.55) 式に代入すると，

$$H = \frac{(v_0 \sin \theta_0)^2}{2g} \quad \text{（最高点の高さ）} \quad (2.57)$$

であることがわかる．

石が地面（$y = 0$）に落下するまでの時間 t_2 は，鉛直投げ上げの場合と同じように，最高点に到達するまでの時間 $t_1 = v_0 \sin \theta_0 / g$ の 2 倍で，$t_2 = 2 t_1 = 2 v_0 \sin \theta_0 / g$ である．

この放物運動は水平方向の等速運動と鉛直方向の鉛直上方への投げ上げ運動を重ね合わせた運動である．

石は落下するまでの間に水平方向に速さ $v_0 \cos \theta_0$ で運動するので，落下場所までの直線距離 R は

$$R = t_2 v_0 \cos \theta_0 = \frac{2 v_0^2 \sin \theta_0 \cos \theta_0}{g} = \frac{v_0^2 \sin 2\theta_0}{g}$$

つまり，

$$R = \frac{v_0^2 \sin 2\theta_0}{g} \quad \text{（落下場所までの直線距離）} \quad (2.58)$$

である．ただし，三角関数の加法定理 $2 \sin \theta_0 \cos \theta_0 = \sin 2\theta_0$ を使った．

同じ初速 v_0 で投げるとき，もっとも遠くまで届き，R が最大なのは，$\sin 2\theta_0 = 1$ のとき，つまり $\theta_0 = 45°$ のときで，そのときの到達距離は

$$R = \frac{v_0^2}{g} \quad (\theta_0 = 45° \text{ のとき}) \quad (2.59)$$

である．

(2.53)式から導かれる

$$t = \frac{x}{v_0 \cos\theta_0} \quad (2.60)$$

を(2.55)式に代入すると，放り出された物体の軌道,

$$y = \frac{\sin\theta_0}{\cos\theta_0}x - \frac{g}{2(v_0\cos\theta_0)^2}x^2 \quad (\text{物体の軌道}) \quad (2.61)$$

が導かれる．これが放物運動の軌道の放物線である（図2.33 (a)）.

例題 3 海に面した高さのわからない崖の上から海の方に向けて，小石を初速 20 m/s，仰角 30°で打ち上げたら，4秒後に小石は海面に落下した（図 2.34）．次の問に答えよ．$g = 10 \text{ m/s}^2$ とし，空気抵抗は無視せよ．

（1） 小石が最高点に達したのは何秒後だったか．
（2） そのときの崖の上面からの高さ H はいくらだったか．
（3） 崖の海面からの高さはいくらか．

解 （1） 初速度 $\boldsymbol{v}_0$ の鉛直方向成分
$$v_{0y} = v_0\sin 30° = 20 \text{ m/s} \times 0.5 = 10 \text{ m/s}$$
最高点に到達するまでの時間 $t_1 = v_{0y}/g = (10 \text{ m/s})/(10 \text{ m/s}^2) = 1 \text{ s}$　1秒後

（2） $H = (v_{0y})^2/2g$

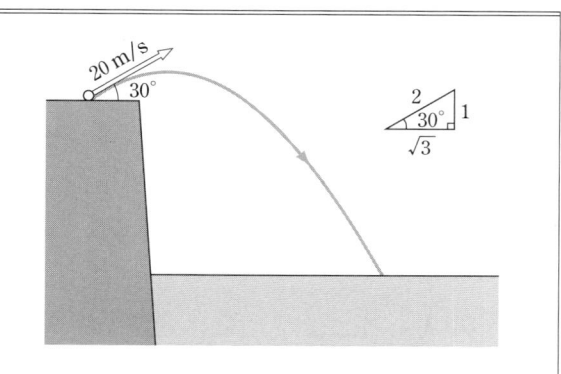

図 2.34

$= (10 \text{ m/s})^2/[2\times(10 \text{ m/s}^2)]$
$= 5 \text{ m}$

（3） 最高点へ到達後の3秒間の落下距離は $(10 \text{ m/s}^2)\times(3\text{ s})^2/2 = 45 \text{ m}$ なので，高さは $45 \text{ m} - 5 \text{ m} = 40 \text{ m}$

例 7 時速 144 km（速さ 40 m/s）でボールを投げるときの最大到達距離 R は(2.59)式で $v_0 = 40 \text{ m/s}$, $g = 9.8 \text{ m/s}^2$ とおいた

$$R = (40 \text{ m/s})^2/(9.8 \text{ m/s}^2) = 163 \text{ m}$$

❖ **第2章のキーワード** ❖

位置ベクトル，速度，加速度，ニュートンの運動の法則，運動の第1法則（慣性の法則），慣性，運動の第2法則（運動の法則），ニュートンの運動方程式，ニュートン（記号 N），運動の第3法則（作用反作用の法則），地球の重力，力，合力，力の分解，力のつり合い，運動方程式のたて方と解き方，水平投射運動，放物運動

演習問題 2

A

1. まっすぐな道路を走っている質量 1000 kg の自動車が 5 秒間に 20 m/s から 30 m/s に一様に加速された。
   - （1） 加速されている間の自動車の加速度はいくらか。
   - （2） このとき働いた力の大きさはいくらか。

2. 一直線上を 30 m/s の速さで走っている 20 kg の物体を 6 秒間で停止させるには，平均どれほどの力を加えたらよいか。

3. 2 kg の物体に 12 N の力が加わると加速度はいくらになるか。

4. 図 1 の (a) と (b) では，台車はどちらが速く動くか。(a) では 400 g の台車をばね秤の値が 100 g になるように一定の力で水平に引きつづけ，(b) では 400 g の台車と 100 g のおもりを糸で結び，糸を軽い滑車にかけて台車を静かに放す。

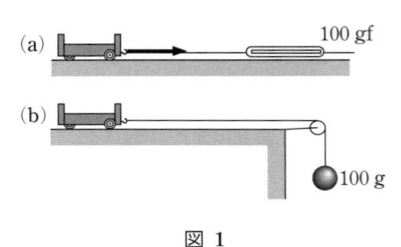

図 1

5. 図 2 の 3 つの力の合力を求めよ。

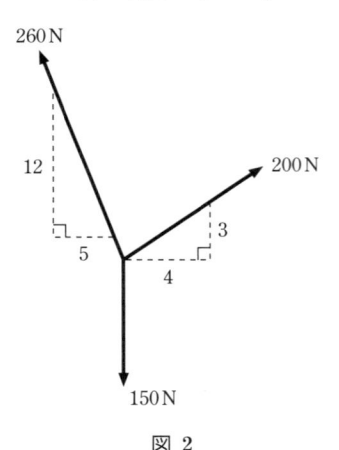

図 2

6. 物体が図 3 の軌道を放物運動する場合，
   - （1） 飛行時間を比較せよ。
   - （2） 初速度の鉛直方向成分を比較せよ。
   - （3） 初速度の水平方向成分を比較せよ。
   - （4） 初速度の大きさを比較せよ。

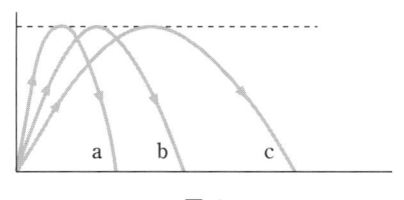

図 3

7. 地上 2.5 m のところで，テニスボールを水平に 36 m/s の速さでサーブした。ネットはサーブ地点から 12 m 離れていて，その高さは 0.9 m である。このボールはネットを越えるか。このボールの落下地点までの距離はいくらか。空気抵抗は無視せよ。

8. ライフル銃を水平と 45° の方向に向けて撃ったら，1 分後に弾丸が地面に落下した。初速 v_0 と到達距離 R を求めよ。空気の抵抗は無視せよ。

9. 地表から水平と 60° の角をなす方向に初速 20 m/s で投げたボールの落下点までの距離を求めよ。

10. 図 4 の場合，自動車 2 に対する自動車 1 の相対速度 $\boldsymbol{v}_{12} = \boldsymbol{v}_1 - \boldsymbol{v}_2$ を求めよ。

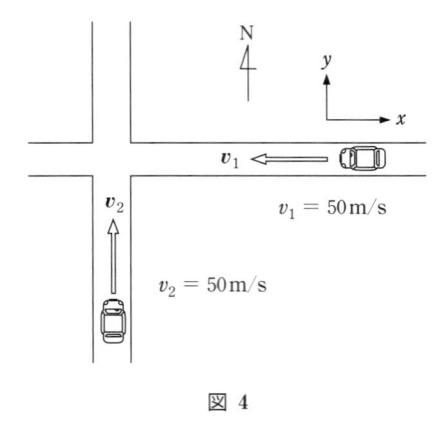

図 4

B

1. 大人と幼児が押し合い，大人が前進しているときにも作用反作用の法則が成り立つ。おかしくないか（図 5）。

図 5

2. 質量 $m = 10\,\text{kg}$ の物体が一定な力 F を受けて，x 軸上を運動している．

（1） $+x$ 方向に $F = 20\,\text{N}$ の力が働くときの加速度を求めよ．

（2） 原点に静止していた物体に，$t = 0$ から $F = 10\,\text{N}$ の力が働いた．$t = 10\,\text{s}$ における位置 x と速度 v を求めよ．

（3） $t = 0$ での位置 x_0 と速度 v_0 が $x_0 = 0$，$v_0 = 20\,\text{m/s}$ の物体に，$F = -20\,\text{N}$ の力が働いている．物体の速度が 0 になる時間とそれまでの移動距離 x を求めよ．

（4） $t = 0$ での速度が $v_0 = 20\,\text{m/s}$ で，$t = 5\,\text{s}$ での速度が $v = 40\,\text{m/s}$ であった．この間に物体に働いていた力の大きさ F を求めよ．

3. カール・ルイスは $100\,\text{m}$ を 10 秒で走る．彼は最初の 2 秒間は等加速度運動を行い，その後は等速運動を行うとすると，彼の足は最初の 2 秒間にどのくらいの力を出すか．体重は $90\,\text{kg}$ とせよ．

4. 質量 $1\,\text{kg}$ の 2 個の金の球の中心を $5\,\text{cm}$ 離しておく．この 2 個の球の間に働く万有引力の大きさ F が $2.7 \times 10^{-8}\,\text{N}$ であることを示せ．なお，$1\,\text{kg}$ の金の球の半径は $2.31\,\text{cm}$ である．

5. 質量 m が $0.2\,\text{kg}$ の 3 つの球 A, B, C を図 6 のように糸でつなぎ，糸の上端を持って力 $9.0\,\text{N}$ で引き上げた．3 つの球の加速度 a と 3 つの球をつなぐ糸の張力 S_{AB}, S_{BC} を求めよ．

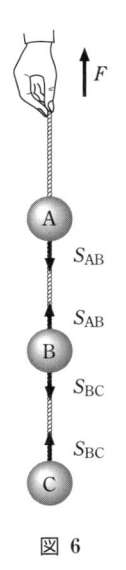

6. 図 7 のように，A 君と B さんがデパートのエスカレーターですれちがった．エスカレーターの速さは両方とも $1.5\,\text{m/s}$ だとすると，B さんの A 君に対する相対速度 $\boldsymbol{v}_{\text{BA}} = \boldsymbol{v}_{\text{B}} - \boldsymbol{v}_{\text{A}}$ はいくらか．

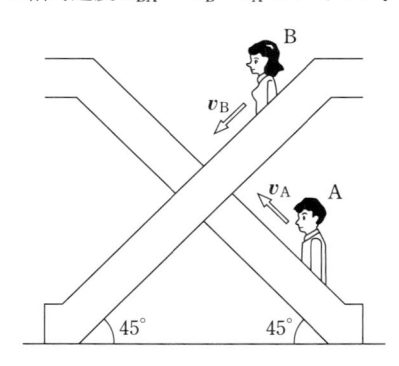

図 7

7. 初速度がりんごの方向を向くようにして銃弾を発射するのと同時にりんごを自由落下させると，銃弾はりんごに命中することを説明せよ（図 8）．（ヒント：銃弾がりんごの実のあった場所の下を通過する時刻の，銃弾とりんごの位置を調べよ．）

図 8

図 6

3 等速円運動

この章と次の章では周期運動を学ぶ．身のまわりには一定の時間が経過するたびに同じ状態を繰り返す運動がいくつもある．振り子の振動，時計の針の運動などはその例である．このような運動を周期運動といい，一定の時間を周期という．つまり，周期運動とは，物体のある時刻の位置と速度が，1周期前の位置と速度に等しい運動である．

この章ではまず，等速円運動を円運動として学ぶ．円運動を x 成分，y 成分などの成分の運動の集まりとして見るだけだと，円運動の全体像がつかめない．円運動としての運動の全体像をまず把握することが必要である．

次に等速円運動を x 成分，y 成分に分けて考える．つまり，物体の運動を x 軸と y 軸に投影した影の運動を考える．円運動を横から眺めるといってもよい．この運動は，直線上の振動と同じ運動に見える．振動は次の章で学ぶ．

3.1 等速円運動する物体の速度と加速度

ひもの一端におもりをつけ，他端を手で持って水平面内でぐるぐるまわすと，おもりは一定の速さで円周上を運動する（図 3.1）．この運動は等速円運動である．前の章で速度と加速度を学んだが，物体が半径 r の円周上を等速円運動する場合の速度と加速度を計算してみよう．

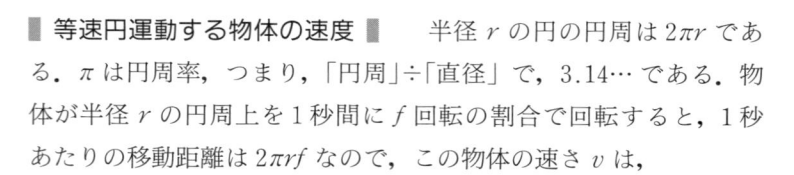

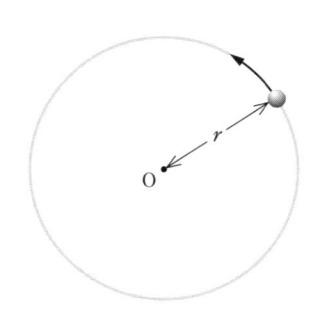

図 3.1 半径 r の等速円運動

■ 等速円運動する物体の速度 ■ 半径 r の円の円周は $2\pi r$ である．π は円周率，つまり，「円周」÷「直径」で，3.14… である．物体が半径 r の円周上を 1 秒間に f 回転の割合で回転すると，1 秒あたりの移動距離は $2\pi r f$ なので，この物体の速さ v は，

$$v = 2\pi r f \tag{3.1}$$

である（f の単位は 1/s）．逆に物体が半径 r の円周上を一定の速さ v で運動する場合の 1 秒あたりの回転数 f は

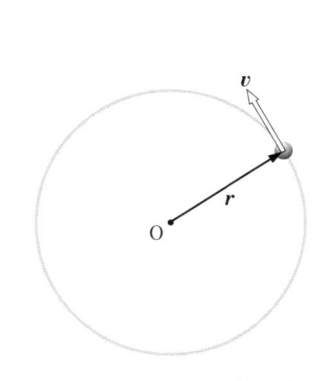

図 3.2 等速円運動する物体の位置ベクトル r と速度 v, $r \perp v$

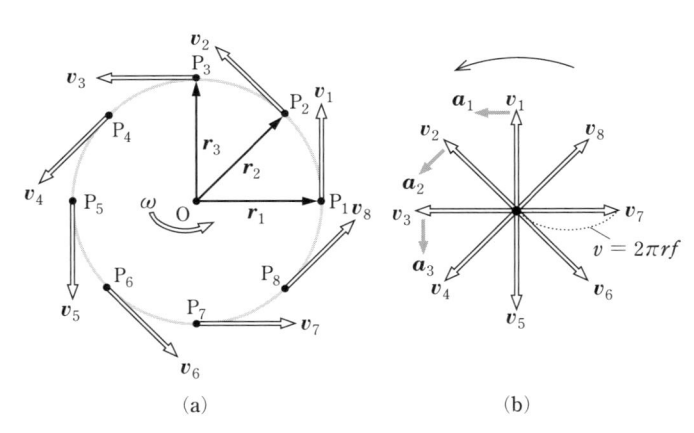

図 3.3 等速円運動のホドグラフ．(a) 物体の速度 $v = dr/dt$ の大きさは位置ベクトル r の先端の移動する速さである．(b) 等速円運動のホドグラフ．物体の加速度 $a = dv/dt$ の大きさは速度ベクトル v の先端の移動する速さである．

$$f = \frac{v}{2\pi r} \tag{3.2}$$

である．各瞬間の速度 v は，運動の道筋である円の接線方向を向いている (図 3.2, 図 3.3(a))．したがって，円の中心 O を原点とする物体の位置ベクトル r と速度 v は垂直である．

■ **等速円運動する物体の加速度** ■　　各瞬間の速度ベクトル $v = dr/dt$ の根本を 1 点に集めて図 3.3(b) のようなグラフを描く．このような速度ベクトルのグラフを**ホドグラフ**という．長さ $v = 2\pi rf$ の速度ベクトルの先端は，半径が $v = 2\pi rf$ で長さが $2\pi v = (2\pi)^2 rf$ の円周上を 1 秒あたり f 回転の割合で等速円運動を行う．等速円運動の加速度 $a = dv/dt$ はホドグラフ上の速度ベクトル v の先端の速度なので，加速度 a の大きさ a は

$$a = 2\pi vf = (2\pi f)^2 r = \frac{v^2}{r} \tag{3.3}$$

である．

加速度 a の向きは，円の接線方向を向いている速度 v に垂直で，円の中心を向いている (図 3.3(b), 図 3.4)．そこで，(3.3) 式をベクトルの式として，

$$a = -(2\pi f)^2 r \tag{3.4}$$

と表すことができる．この中心を向いた加速度 a を**向心加速度**という．

運動の第 2 法則によれば，等速円運動している質量 m の物体には，円の中心を向いた，大きさ F が「質量」×「向心加速度」，つまり，

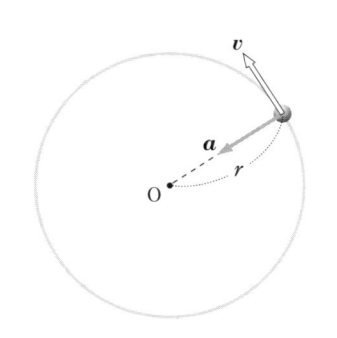

図 3.4 等速円運動する物体の速度 v と加速度 a, $v \perp a$

$$F = m\frac{v^2}{r} = m(2\pi f)^2 r \tag{3.5}$$

の力 F が作用しているはずである（図 3.5）．この中心を向いた力を**向心力**という．ただし，向心力という特別な種類の力が存在するわけではなく，ひもにつけたおもりの水平面内での等速円運動の場合には，ひもの張力 S と重力 mg の合力が向心力 F である（図 3.6）．

向心加速度 (3.4) を使うと，等速円運動する物体の運動方程式 $m\boldsymbol{a} = \boldsymbol{F}$ は，向きも含め，次のように表せる．

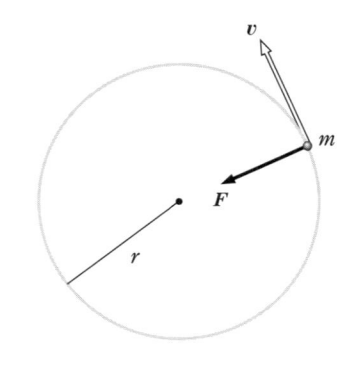

$$-m(2\pi f)^2 \boldsymbol{r} = \boldsymbol{F} \tag{3.6}$$

図 3.5 向心力 $F = mv^2/r$
$\quad\quad = mr\omega^2 \ (\omega = 2\pi f)$

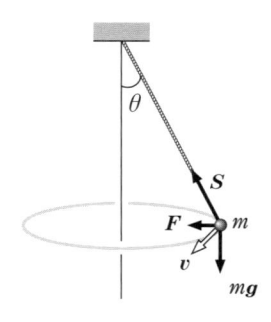

図 3.6 ひもの張力 S とおもりの重力 mg の合力 F が向心力

運動方程式 (3.5) や (3.6) は，

（1） 等速円運動の半径 r と 1 秒あたりの回転数 f（あるいは速さ v）が決まっているときには向心力の大きさ F を決める式として使え，

（2） 向心力の大きさ F と半径 r が決まっているときには円運動の 1 秒あたりの回転数 f と速さ v を決める式として使え，

（3） 向心力の大きさ F と円運動の 1 秒あたりの回転数 f が決まっているときには半径 r と速さ v を決める式として使える．

■ 周期運動と周期 ■ 等速円運動のように一定の時間ごとに同じ状態を繰り返す運動を**周期運動**といい，この一定の時間を**周期**という．等速円運動の周期 T は物体が円周上を 1 周する時間である．周期は 1 秒（単位時間）あたりの回転数 f の逆数である．

$$T = \frac{1}{f} \quad \left(fT = 1, \quad f = \frac{1}{T}\right) \tag{3.7}$$

例題 1 半径 5 m のメリーゴーラウンドが周期 10 秒で回転している．
（1） 1 秒あたりの回転数 f を求めよ．
（2） 中心から 4 m のところにある木馬の速さ v を求めよ．
（3） この木馬の加速度の大きさを求めよ．この加速度は重力加速度 g の何倍か．

解 （1） (3.7) 式から $f = 1/T = 1/10\,\text{s} = 0.1\,\text{s}^{-1}$
（2） $v = 2\pi rf = 2\pi \times 4\,\text{m} \times 0.1\,\text{s}^{-1} = 2.5\,\text{m/s}$
（3） $a = v^2/r = (2.5\,\text{m/s})^2/4\,\text{m} = 1.6\,\text{m/s}^2$
$(1.6\,\text{m/s}^2)/(9.8\,\text{m/s}^2) = 0.16$　0.16 倍

問 1 図 3.7 の曲線上を自動車が一定な速さで動くとき，自動車が点 A, B, C, D を通過するときに働く力の合力の方向と相対的な大きさは，矢印のようになることを確かめよ．水平な路面上の自動車に作用する力は，空気抵抗を無視すると，道路が路面に平行に作用する摩擦力である（図 3.8）．摩擦力について第 5 章で詳しく学ぶ．

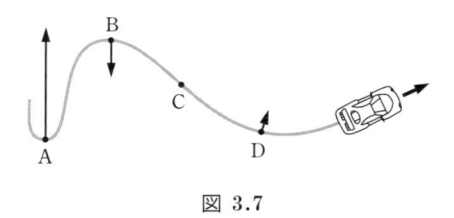

図 3.7

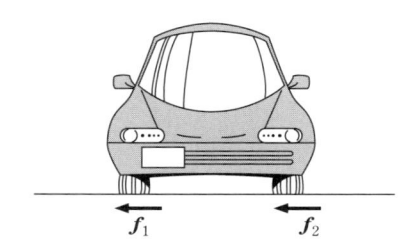

図 3.8 自動車が右に曲がるときには，路面が横向き（右向き）の摩擦力 f_1, f_2 をタイヤに作用する．

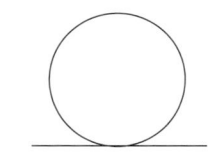

(a) ジェットコースターは円と直線の組み合わせではない

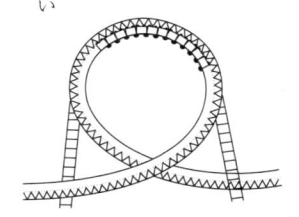

(b) ジェットコースター

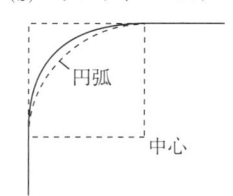

(c) 高速道路のカーブも円と直線の組み合わせではない

図 3.9

ジェットコースターや高速道路のインターチェンジは，図 3.9 (a) のような直線と円の組み合わせではなく，図 3.9 (b) や (c) のような，直線部に近いところではカーブが緩やかで直線部から離れるのにつれてカーブが急になる形をしている．この理由は，直線と円の組み合わせの場合には，直線部から円弧の部分に入った瞬間に，質量 m の乗客は中心方向を向いた大きさが mv^2/r の力の作用を急激に受けはじめるので危険であり，乗り心地が悪いが，図 3.9 (b), (c) のようになっていれば，カーブの半径（曲率半径）が徐々に小さくなるので，中心を向いた力が 0 から徐々に増えていき，また円弧部から直線部に近づくのにつれて中心を向いた力が徐々に減っていくので安全である．

3.2 ニュートンが予想した人工衛星

ニュートンは人工衛星の可能性を予想していた．ニュートンの推論の仕方を紹介しよう．ニュートンは「プリンキピア」の第 3 編「世界の体系について」の中で，「高い山の上 V から水平に物体を投射すると，投射速度が小さい間は，物体は放物線を描いて地上に落下する．しかし，投射速度を大きくしていくと，地球は丸いので，物体の軌道は放物線からずれて図 3.10 の B, C, D のようになる．さらに投射速度を大きくすると，物体は地球のまわりで円軌道を描いて回転するだろう」と書いている．これは人工衛星である．このように今から 300 年以上も前に，ニュートンは人工衛星を予想していた．

さて，前節で学んだように，半径 r の円周上を速さ v で等速円運動している質量 m の物体は，円の中心に向かって加速度 v^2/r で加速されている．したがって，「質量 m」×「加速度 v^2/r」＝「力」というニュートンの運動の第 2 法則によれば，この物体は円

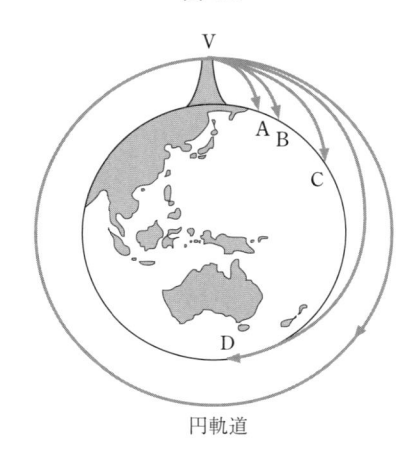

図 3.10 人工衛星の存在に対するニュートンの予想

の中心を向いた，大きさが mv^2/r の力の作用を受けている．地球の表面付近では，この力はいうまでもなく，地球の重力 mg である．したがって，ニュートンの運動方程式は

$$\frac{mv^2}{r} = mg \tag{3.8}$$

となる（図 3.11）．この式から導かれる $v^2 = rg$ という式の r に，地球の半径 $R_E = 6370$ km を代入すると，地表にすれすれの円軌道を回転する人工衛星の速さ v は

$$\begin{aligned} v &= \sqrt{R_E g} \\ &= \sqrt{(6.37 \times 10^6 \text{ m}) \times (9.8 \text{ m/s}^2)} = 7.9 \times 10^3 \text{ m/s} \end{aligned} \tag{3.9}$$

つまり，この人工衛星は秒速 7.9 km（7.9 km/s）で地球のまわりを回転する．回転の周期 T は，

$$\begin{aligned} T &= 2\pi R_E/v = 2\pi \times 6.37 \times 10^6 \text{ m}/(7.9 \times 10^3 \text{ m/s}) \\ &= 5.06 \times 10^3 \text{ s} = 84 \text{ min} \end{aligned}$$

なので，周期は 84 分である．

■ 静止衛星 ■ 通信などに利用される静止衛星は，地球のまわりを公転周期 1 日（厳密には 1 太陽日ではなく 1 恒星日 = 0.9973 日）でまわるので，地表からは赤道上空の 1 点に静止しているように見える人工衛星である（図 3.12）．静止衛星の地表からの高さ h を計算してみよう．静止衛星の 1 秒あたりの回転数 f は

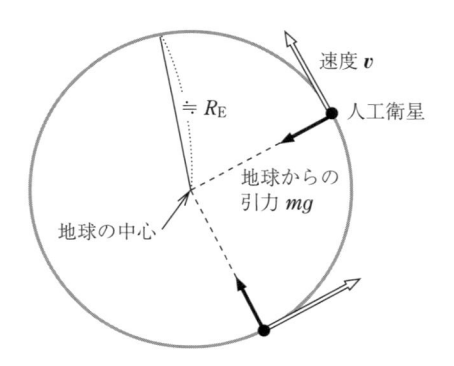

図 3.11 地表すれすれの人工衛星の運動方程式は $mv^2/R_E = mg$

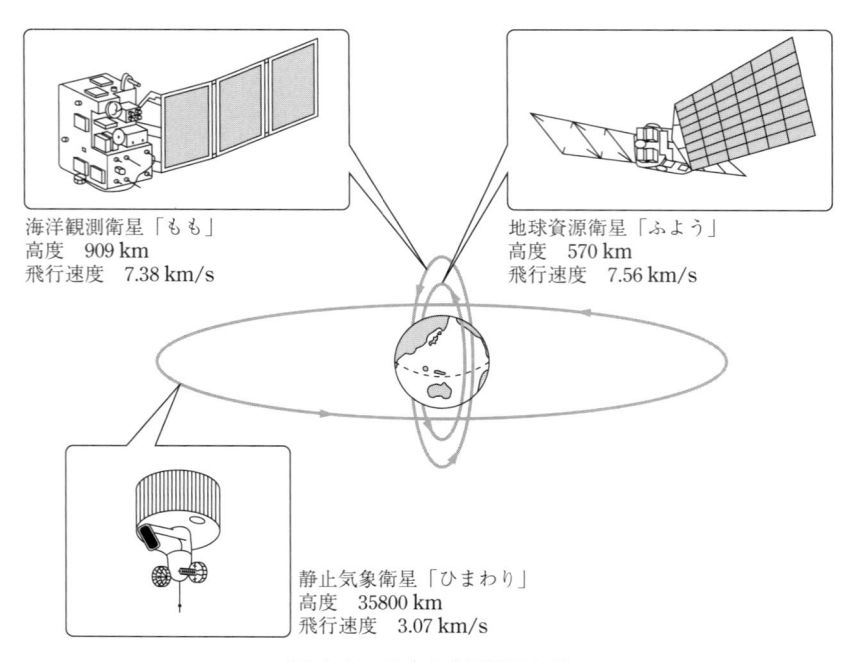

海洋観測衛星「もも」
高度　909 km
飛行速度　7.38 km/s

地球資源衛星「ふよう」
高度　570 km
飛行速度　7.56 km/s

静止気象衛星「ひまわり」
高度　35800 km
飛行速度　3.07 km/s

図 3.12 日本の人工衛星の例

$$f = \frac{1}{24 \times 60 \times 60 \text{ s}} = 1.157 \times 10^{-5} \text{ [1/s]}$$

である．円軌道の半径は，地球の半径 R_E と静止衛星の高さ h の和の $R_\text{E}+h$ なので，静止衛星の向心加速度は $(2\pi f)^2(R_\text{E}+h)$ である．

向心力＝万有引力　という関係から，質量 m の静止衛星の運動方程式

$$m(2\pi f)^2(R_\text{E}+h) = G\frac{mM_\text{E}}{(R_\text{E}+h)^2} = \frac{mgR_\text{E}^2}{(R_\text{E}+h)^2} \quad (3.10)$$

が導かれる．ここで，(2.24)式を使った．この式から，静止衛星の地表からの高さ h は

$$\begin{aligned}
h &= \left(\frac{gR_\text{E}^2}{(2\pi f)^2}\right)^{1/3} - R_\text{E} \\
&= \left(\frac{(9.8 \text{ m/s}^2)\times(6.37\times10^6 \text{ m})^2}{(2\pi\times1.157\times10^{-5}/\text{s})^2}\right)^{1/3} - 6.4\times10^6 \text{ m} \\
&= 42.4\times10^6 \text{ m} - 6.4\times10^6 \text{ m} = 3.6\times10^7 \text{ m} = 3.6\times10^4 \text{ km}
\end{aligned}$$
(3.11)

3.3 弧度法で表した等速円運動

■ **極座標 r, θ** ■　xy 平面上で原点 O を中心とする半径 r の等速円運動を行う物体の位置を記述するには，図 3.13 に示した極座標 r, θ を使うのが便利である．物体の x 座標と y 座標は

$$x = r\cos\theta, \quad y = r\sin\theta \quad (3.12)$$

と表せる．原点 O から見た物体の方向（角位置）を表す角 θ には符号があり，$+x$ 軸を角 θ を測る基準の方向とし，物体が円周上を時計の針と逆向きに動くときには角 θ は増加し（$\theta > 0$），物体が時計の針と同じ向きに動くときには角 θ は減少する（$\theta < 0$）と約束する．

■ **角度の単位の弧度（ラジアン）** ■　角度の単位として，昔から直角を 90 度（°）とし，その 1/90 を 1 度とするものが使われている．時計の針が 1 回転したときの回転角は 4 直角なので 360 度である．

ところで，角度の国際単位はラジアン（記号 rad）である．ある中心角に対する半径 1 の円の弧の長さが θ のとき，この中心角の大きさを θ ラジアンと定義する（図 3.14 (a)）．中心角が 360° のときの半径 1 の円の弧の長さは円周 2π なので，360° = 2π rad であり，したがって，

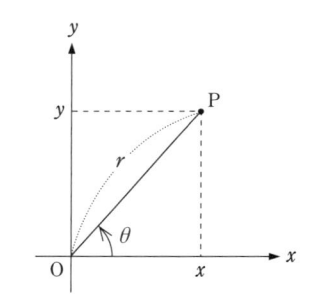

図 3.13 2 次元の極座標 r, θ
$x = r\cos\theta, \quad y = r\sin\theta$

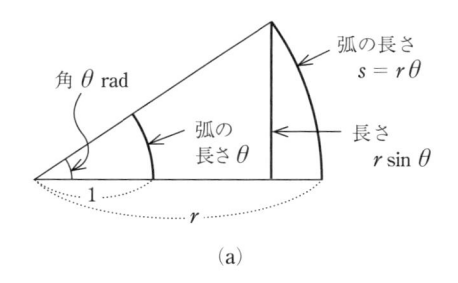

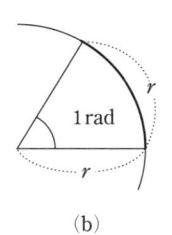

図 3.14 (a) 半径 r，中心角 θ rad の扇形の弧の長さ s は $s = r\theta$．
(b) 中心角が 1 rad の扇形の弧の長さは半径に等しい．

$$1 \text{ラジアン}(\text{rad}) = \frac{360°}{2\pi} \approx 57.3° \tag{3.13}$$

である．$A \approx B$ は A と B は近似的に等しいことを示す．

いくつかの角度での度とラジアンの換算表を表 3.1 に示す．

表 3.1 度と弧度

度（°）	0	30	45	≈ 57.3	60	90	120	135	150	180
弧度（rad）	0	$\pi/6$	$\pi/4$	1	$\pi/3$	$\pi/2$	$2\pi/3$	$3\pi/4$	$5\pi/6$	π

図 3.14 (a) の 2 つの扇形での比例関係から，半径 r，中心角 θ rad の扇形の弧の長さ s は

$$s = r\theta \tag{3.14}$$

であることがわかる．なお，s も r も長さなので，角度 $\theta = s/r$ の単位 rad は無次元の量で，本来は rad = 1 とすべきものである．そのために，たとえば，(3.14) 式の右辺の計算では単位 rad を省略しなければならない．なお，1 ラジアンは半径 r と等しい長さ r の円弧に対する中心角である（図 3.14 (b)）．

図 3.14 (a) を眺めると，中心角 θ が小さい場合，弧の長さ $r\theta$ と垂線の長さ $r \sin \theta$ はほぼ等しいことがわかる．すなわち

$$\sin \theta \approx \theta \quad (|\theta| \ll 1 \text{ のとき}) \tag{3.15}$$

である．ここで，$|\theta| \ll 1$ は $|\theta|$ が 1 に比べてはるかに小さいことを示す．

■ **角速度** ■　極座標の角位置 θ（図 3.13 参照）が時間 t とともに変化する割合を**角速度**という．

「角速度」＝「回転角」/「回転時間」

である．角速度を記号 ω で表す．回転角と時間の国際単位は rad と s なので，角速度の国際単位は rad/s であるが，角の単位が rad なことが明らかな場合は 1/s と記してよい．物体が円周上を時計の針と逆向きに動くときには角速度 ω は正で（$\omega > 0$），物体が時計の針と同じ向きに動くときには角速度 ω は負である（$\omega < 0$）．

一定の角速度 ω での回転運動では，「回転角」＝「角速度」×「回転時間」なので，時間 t の回転角は ωt である．したがって，時刻 $t = 0$ での物体の角位置が 0，つまり $\theta(t=0) = 0$ ならば，時間 t が経過した後の時刻 t での角位置 $\theta(t)$ は

$$\theta(t) = \omega t \tag{3.16}$$

で，時刻 t での物体の x 座標 $x(t)$ と y 座標 $y(t)$ は

$$x(t) = r \cos \omega t, \quad y(t) = r \sin \omega t \tag{3.17}$$

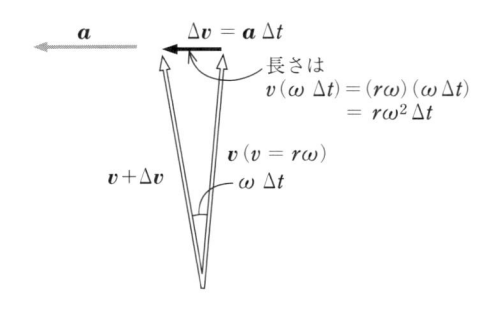

図 3.15 等速円運動の加速度 a は速度 v に垂直である．図から $\Delta t \to 0$ の極限では $a \perp v$ で，$\Delta v/\Delta t \to r\omega^2$ であることがわかる．

である．

角度の単位としてラジアン［rad］を使うと 360° は 2π ラジアンなので，1 秒あたり f 回転する等速円運動では，$2\pi f$ は 1 秒あたりの回転角を表す．したがって，弧度を使って角度を表すと，(3.1)，(3.3)〜(3.5) 式に現れる $2\pi f$ は角速度である．つまり，

$$\omega = 2\pi f \tag{3.18}$$

(3.18) 式を (3.1) 式，(3.3)〜(3.5) 式に代入すると，次のようになる．

$$v = r\omega \quad \text{（速さ）} \tag{3.19}$$

$$a = v\omega = \omega^2 r \quad \text{（加速度の大きさ）} \tag{3.20}$$

$$\boldsymbol{a} = -\omega^2 \boldsymbol{r} \quad \text{（加速度）} \tag{3.21}$$

成分は $\quad a_x = -\omega^2 x, \quad a_y = -\omega^2 y \tag{3.21'}$

$$F = m\omega^2 r \tag{3.22}$$

図 3.15 に加速度の式 (3.20) を図解した．

角速度 ω と周期 T の関係は，(3.7)，(3.18) 式から次のようになる．

$$\omega = 2\pi f = \frac{2\pi}{T} \quad T = \frac{2\pi}{\omega} \quad \omega T = 2\pi \tag{3.23}$$

例1 例題1のメリーゴーラウンドの角速度 ω は，$\omega = 2\pi/T = 2\pi/10\,\text{s} = 0.63\,\text{s}^{-1}$ である．

■ **等速円運動する物体の位置，速度，加速度** ■　これまでに学んだ，(1) 速度 v は位置ベクトル r に垂直で，(2) 加速度 a は速度 v に垂直で位置ベクトル r とは逆向きであることと，(3) 関係 $v = r\omega$, $a = r\omega^2$ を使い，図 3.16 を参考にすると，時刻 t の位置が

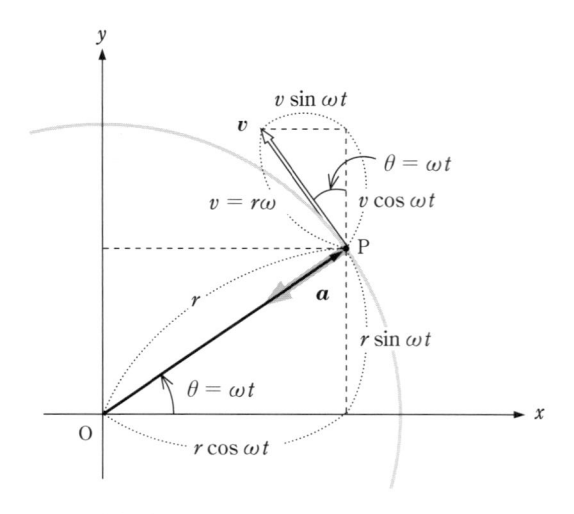

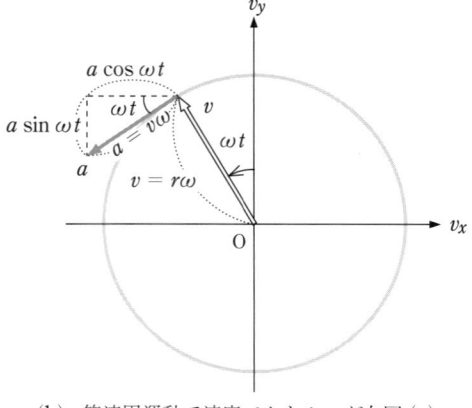

(a) 等速円運動の速度ベクトル $\boldsymbol{v}$

(b) 等速円運動で速度ベクトル $\boldsymbol{v}$ が左図 (a) の場合の加速度ベクトル $\boldsymbol{a}$

図 3.16 等速円運動．(a) 速度 $\boldsymbol{v} = (-v\sin\omega t, v\cos\omega t)$．(b) 速度 $\boldsymbol{v}$ が左図の場合の加速度 $\boldsymbol{a} = (-a\cos\omega t, -a\sin\omega t)$.

$$x(t) = r\cos\omega t, \quad y(t) = r\sin\omega t \tag{3.24}$$

の等速円運動している物体の速度 $\boldsymbol{v}(t) = (v_x(t), v_y(t))$ と加速度 $\boldsymbol{a}(t) = (a_x(t), a_y(t))$ は

$$v_x(t) = \frac{dx}{dt} = -\omega r\sin\omega t, \quad v_y(t) = \frac{dy}{dt} = \omega r\cos\omega t, \tag{3.25}$$

$$a_x(t) = \frac{dv_x}{dt} = \frac{d^2x}{dt^2} = -\omega^2 r\cos\omega t = -\omega^2 x(t),$$

$$a_y(t) = \frac{dv_y}{dt} = \frac{d^2y}{dt^2} = -\omega^2 r\sin\omega t = -\omega^2 y(t) \tag{3.26}$$

であることが容易にわかる．三角関数の微分の公式を知っていれば，(3.24) 式を t で微分して，(3.25) と (3.26) 式を導くことができる．

■ $t = 0$ での角位置 θ が $\theta_0 \neq 0$ の場合 ■　角速度 ω で等速円運動する物体の時刻 $t = 0$ での角位置 θ が θ_0 だとする．時間 t の回転角は ωt なので，時刻 t での角位置 $\theta(t)$ は

$$\theta(t) = \omega t + \theta_0 \tag{3.27}$$

である (図 3.17)．したがって，半径 r の等速円運動を行う物体の時刻 t での位置は

$$x(t) = r\cos(\omega t + \theta_0), \quad y(t) = r\sin(\omega t + \theta_0) \tag{3.28}$$

である．

$x(t)$ が (3.28) 式の場合の速度と加速度の x 成分 v_x と a_x は

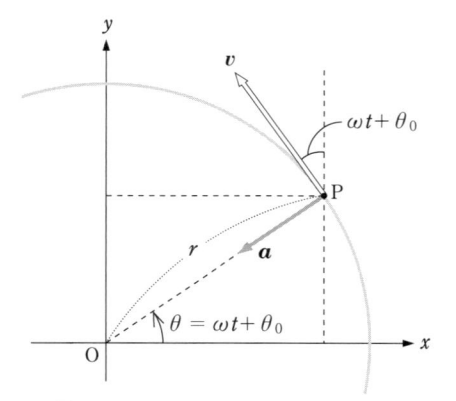

図 3.17 $x(t) = r\cos(\omega t + \theta_0)$,
$v_x(t) = -v\sin(\omega t + \theta_0)$,
$a_x(t) = -a\cos(\omega t + \theta_0)$,

$$v_x(t) = \frac{dx}{dt} = \frac{d}{dt}[r\cos(\omega t + \theta_0)] = -\omega r \sin(\omega t + \theta_0) \tag{3.29}$$

$$a_x(t) = \frac{dv_x}{dt} = \frac{d}{dt}[-\omega r \sin(\omega t + \theta_0)]$$
$$= -\omega^2 r \cos(\omega t + \theta_0) = -\omega^2 x(t) \tag{3.30}$$

であることが，図 3.17 を眺めればわかる（簡単のため y 成分は省略）．

◆ 第 3 章のキーワード ◆

周期運動，周期，等速円運動，回転数，向心力，人工衛星，静止衛星，角速度

演習問題 3

A

1. ビデオテープレコーダーがテープを送る速さ v は，ふつう，3.3 cm/s と 1.1 cm/s である．図 1 のテープレコーダーのテープを送る装置の A, B の直径 D_A, D_B は，それぞれ 3.5 mm と 14 mm である．3.3 m/s でテープを送っているときの A, B の 1 秒あたりの回転数 f_A, f_B と 1 分あたりの回転数 (rpm) n_A, n_B を計算せよ．

2. 図 1 の A, B の直径を D_A, D_B とすると，A, B の 1 分あたりの回転数 n_A, n_B の比は直径の比の逆数

$$\frac{n_A}{n_B} = \frac{D_B}{D_A}$$

であることを示せ．

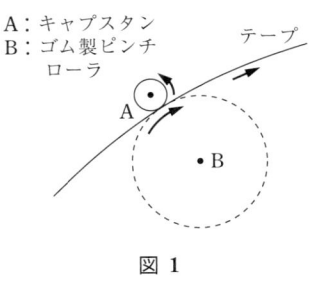

A：キャプスタン
B：ゴム製ピンチローラ

図 1

3. 新幹線電車の車輪の直径は 0.91 m である．この車輪が 1 秒間に 20 回転しながら電車が走行しているとき，車輪の回転の角速度 [rad/s] と電車の時速 [km/h] を求めよ．

4. ある自転車の車輪の直径は 60 cm である．この車輪が 1 分間に 150 回転しながら自転車が走行しているとき，車輪の角速度 [rad/s]，自転車の速度 [m/s] と時速 [km/h] を求めよ．

B

1. 太陽のまわりの地球の公転運動での向心加速度 a_E はいくらか．地球と太陽の距離 r_E は 15,000 万 km である．太陽の質量 M_S はいくらか．

2. 地表からの高さが h の円軌道上の人工衛星の速さ v を，地球の質量 M_E，重力定数 G，地球の半径 R_E と h で表せ．

3. 太陽からの万有引力の作用を受けて，太陽を中心とする円軌道上を公転するいくつかの惑星があるとき，周期 T の 2 乗と公転半径 r の 3 乗の比はすべての惑星について同じ値をもつことを示せ．

4 単振動

振動は日常生活で見なれている現象である．身のまわりに振動の例はいくらでもある．ブランコや振り子のように吊ってあるものをゆらせた場合には振動が起こるし，ギターの弦をはじくと振動する．**振動**は，物体がつり合いの位置のまわりで，同じ道すじを左右あるいは上下などに繰り返し動く運動である．振動の中でも，つり合いの位置からのずれに比例する大きさの復元力による振動を**単振動**という．この章では単振動を学ぶ．

振り子のおもりをつり合いの位置からずらして，手を放すと，振り子は振動する．振り子の振動は，外部からエネルギーを補給しないと，振幅が徐々に小さくなっていく．このような振幅が減衰する振動を**減衰振動**という．振り子をいつまでも振動させつづけるためには，周期的に変動する外力を振り子に作用させねばならない．このような変動する外力を加えたときの，外力と同じ振動数での振動を**強制振動**という．

4.1 弾力とフックの法則

ばねを伸ばすと縮もうとし，縮めると伸びようとする．一般に，固体を変形させると変形をもとに戻そうとする復元力が働き，外力を取り除くと物体はもとの形に戻る．この復元力を**弾力**という．

外力が加わっていない自然な状態からの変形の大きさ（たとえば，ばねの伸び）が小さいときには，復元力の大きさは変形の大きさに比例する．これを**フックの法則**という．弾力を F，変形量を x とすると，フックの法則は

$$F = -kx \tag{4.1}$$

と表せる．比例定数 k を**弾性定数**とよぶ．ばねの場合には**ばね定数**とよぶ．負符号をつけた理由は，復元力の向きと変形の向きは逆向きだからである．たとえば，図 4.1 に示すように，ばねの一端を固定し，他端に質量 m のおもり（台車）をつけて，滑らかな水平面上に置く．ばねの方向を x 方向とし，ばねが自然な長さのときの

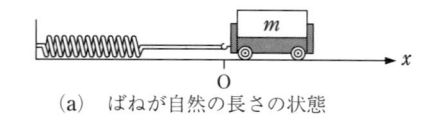

(a) ばねが自然の長さの状態

(b) ばねの長さが x だけ伸びた状態

図 4.1 水平なばね振り子．(b) 左向きの復元力 $F = -kx$ が作用する．

おもりの位置を原点とする．おもりを右に引っ張ってばねが伸びると（$x > 0$），おもりには左向き（x 軸の負の向き）の復元力（$F < 0$）が働く．おもりを左に押してばねが縮むと（$x < 0$），おもりには右向き（x 軸の正の向き）の復元力（$F > 0$）が働く．

例1 ばね振り子 図 4.2（a）のように，ばねの一端を固定して鉛直に吊るす．ばねの下端におもり（質量 m）をつけると，おもりに重力 mg が下向きに作用するので，ばねは自然の長さから x_0 だけ伸びる（図 4.2（b））．この伸び x_0 のために，おもりには大きさが kx_0 のばねの弾力が上向きに作用する．重力 mg と弾力 kx_0 のつり合いの式，つまり，重力 mg と弾力 $f = -kx_0$ の合力 $mg - kx_0 = 0$ という式，

$$mg = kx_0 \tag{4.2}$$

から，ばねの伸びは

$$x_0 = \frac{mg}{k} \tag{4.3}$$

であることがわかる．

このつり合いの状態でのおもりの位置を原点に選び，鉛直下向きを $+x$ 方向に選ぶ（図 4.2（b））．おもりに作用する重力 mg とばねの弾力 $f = -k(x+x_0)$ の合力 F は，

$$F = mg - k(x+x_0) = -kx \tag{4.4}$$

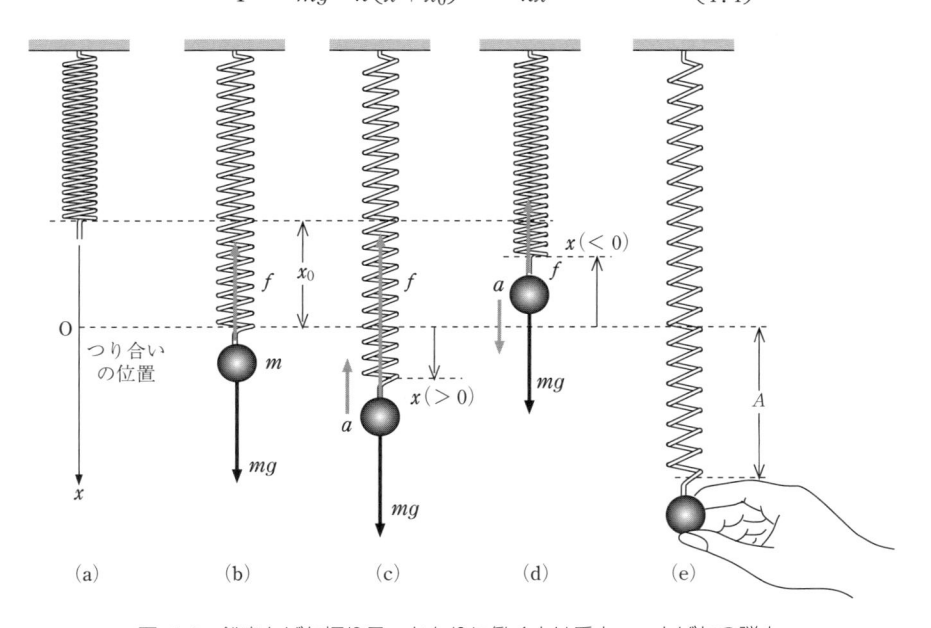

図 4.2 鉛直なばね振り子．おもりに働く力は重力 mg とばねの弾力 $f = -k(x+x_0)$ の合力 $F = mg - k(x+x_0) = -kx$ である．これがおもりをつり合いの位置（原点 O）に戻そうとする力（復元力）である．

であり，したがって，この合力はつり合いの状態からの変位 x に比例し，おもりをつり合いの位置に戻そうとする復元力 $F = -kx$ である．つまり，おもりが下にさがりばねが伸びると（$x > 0$），おもりには上向きの復元力が働く（$mg < |f|$ なので，$F < 0$）（図 4.2(c)）．おもりが上にあがりばねが縮むと（$x < 0$），おもりには下向きの復元力が働く（$mg > |f|$ あるいは $f > 0$ なので，$F > 0$）（図 4.2(d)）．

4.2 単振動

　安定なつり合いの状態にある物体をつり合いの位置から少しずらすと，ずれ（変位あるいは変形）の大きさに比例する復元力が働いて，物体は振動する．このフックの法則に従う復元力による振動を**単振動**という．単振動の例を示そう．

　図 4.1 の質量 m のおもりを距離 A だけ右に引っ張って，そっと手を放すと，おもりは左右に振動する．図 4.2 の質量 m のおもりを距離 A だけ下に引っ張って（図 4.2(e)），そっと手を放すと，おもりは上下に振動する．

■ 単振動の運動方程式を導く ■　　おもりに働く x 方向の力は，どちらの場合も復元力 $F = -kx$ だけなので，おもりの従うニュートンの運動方程式は，

$$ma = -kx \tag{4.5}$$

である．ここで，

$$\omega = \sqrt{\frac{k}{m}} \tag{4.6}$$

とおくと，運動方程式 (4.5) は

$$a = -\omega^2 x \tag{4.7}$$

と簡単な形に変形される．

　$a = d^2x/dt^2$ なので，(4.7) 式を

$$\frac{d^2 x}{dt^2} = -\omega^2 x \tag{4.8}$$

と微分方程式として表せる．

■ 単振動の運動方程式の解を求める ■　　運動方程式 (4.7)，$a = -\omega^2 x$，に現れる a は x 方向の加速度なので，a_x のことである．したがって，(4.7) 式は角速度 ω で等速円運動している物体の加速度に対して成り立つ (3.21) 式，$\boldsymbol{a} = -\omega^2 \boldsymbol{r}$，の x 成分，$a_x = -\omega^2 x$，とまったく同じ形をしている．したがって，角速度 ω で等

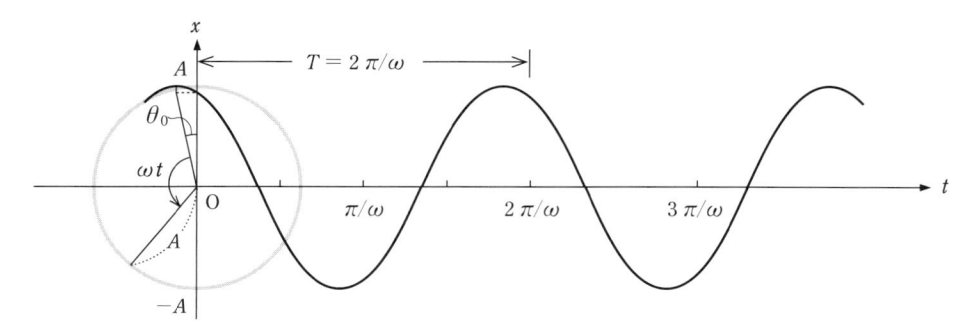

図 4.3 単振動 $x(t) = A\cos(\omega t + \theta_0)$

速円運動している物体の運動の x 方向成分に対する (3.28) 式

$$x(t) = A\cos(\omega t + \theta_0) \tag{4.9}$$

は運動方程式 (4.7) の解である．ここでは円の半径 r を A と表した．

振動するおもりの位置を表す解 (4.9) を図示すると，図 4.3 のようになる．この振動はおもりが 2 点 $x = A$ と $-A$ の間を往復する振動を表す．変位の最大値である $x_{最大} = A$ を単振動の **振幅** という．等速円運動の場合は単位時間 (1 秒間) あたりの回転数 f の 2π 倍の ω を角速度とよんだが，単振動 (4.9) の場合は **振動数** (単位時間あたりの振動数) f の 2π 倍の ω，つまり，

$$\omega = 2\pi f \tag{4.10}$$

を **角振動数** とよぶ．

解 (4.9) の $x(t)$ に対する速度 $v(t) = dx/dt$ は，(3.29) 式を見ると，

$$v(t) = -\omega A \sin(\omega t + \theta_0) \tag{4.11}$$

であることがわかる．

おもりの速さの最大値 $v_{最大}$ は $\omega A = \omega x_{最大}$，つまり，

$$v_{最大} = \omega x_{最大} \tag{4.12}$$

である．$v(t) = v_{最大}$ のとき，おもりの変位 $x(t) = 0$ である．

> **問 1** 単振動 (4.9) の x-t 図は図 4.3 である．この場合の速度 (4.11) を表す v-t 図を描き，$v(t) = v_{最大}$ の場合には $x(t) = 0$，$x(t) = x_{最大}$ の場合には $v(t) = 0$ であることを確認せよ．

解 (3.28) の $x(t)$ に対するおもりの加速度 $a(t)$ は，(3.30) 式を見ると，

$$a(t) = -\omega^2 x(t) = -\omega^2 A\cos(\omega t + \theta_0) \tag{4.13}$$

なので，加速度の最大値 $a_{最大}$ は振幅 $x_{最大} = A$ の ω^2 倍，つまり，

$$a_{最大} = \omega^2 x_{最大} \tag{4.14}$$

である．

微分方程式 (4.8) を解くということは，微分方程式 (4.8) に代入すると左右両辺が等しくなるような，変数 t の関数 $x(t)$ を探すことである．つまり，(4.8) 式は，t で 2 回微分するともとの関数の $-\omega^2$ 倍になる関数 $x(t)$ を探すことを指示している．(4.9) 式を 2 回微分した式である加速度 a_x (4.13) は (4.9) 式の $x(t)$ の $-\omega^2$ 倍なので，(4.9) 式が微分方程式 (4.8) の解であることを直接的に証明できたことになる．

以下で示すように，解 (4.9) は任意の値をとれる 2 つの定数 A と θ_0 を含み，これらを調節すると，おもりの時刻 $t=0$ での位置 x_0 と速度 v_0 がどのような値の場合でも，(4.9) 式がおもりの運動を正しく表すようにできる．このような解 (4.9) を運動方程式（微分方程式）(4.8) の一般解という．

■ **初期条件と任意定数 A と θ_0** ■　解 (4.9) に 2 つの任意定数 A と θ_0 が含まれている意味を調べるために，初期条件つまり時刻 $t=0$ でのおもりの位置を x_0，速度を v_0 とする．(4.9) 式と (4.11) 式で $t=0$ とおくと，

$$x_0 = x(0) = A\cos\theta_0, \quad v_0 = v(0) = -\omega A \sin\theta_0 \tag{4.15}$$

となる．

三角関数の加法定理 $\cos(\alpha+\beta) = \cos\alpha\cos\beta - \sin\alpha\sin\beta$ を使って，(4.9) 式を

$$\begin{aligned} x(t) &= A\cos(\omega t + \theta_0) \\ &= A\cos\omega t \cos\theta_0 - A\sin\omega t \sin\theta_0 \end{aligned} \tag{4.16}$$

と変形し，(4.15) 式を代入すると，

$$x(t) = x_0 \cos\omega t + \frac{v_0}{\omega}\sin\omega t \tag{4.17}$$

となる．つまり，(4.9) 式の 2 つの任意定数 A と θ_0 は時刻 $t=0$

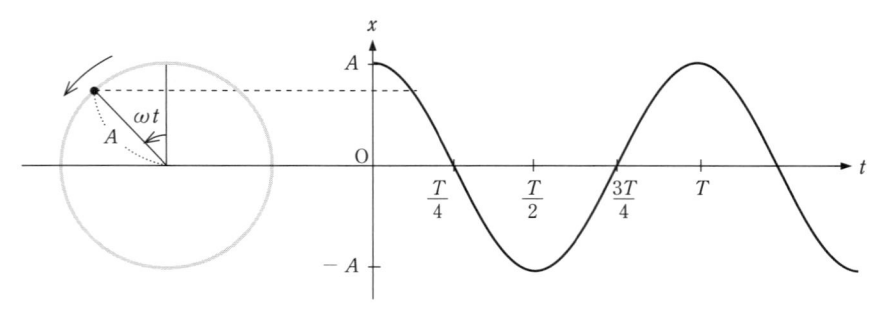

図 4.4　単振動 $x(t) = A\cos\omega t$

でのおもりの位置 x_0 と速度 v_0 に対応していることがわかった．

したがって，おもりを距離 A だけ右あるいは下に引っ張って，そっと手を放すときには $x_0 = A$，$v_0 = 0$ なので，(4.9)式は

$$x(t) = A \cos \omega t \tag{4.18}$$

となる（図 4.4）．

時刻 $t = 0$ でのおもりの位置 x_0 と速度 v_0 が与えられると，それ以後のすべての時刻でのおもりの位置は (4.17) 式で与えられる．

■ **単振動の周期と振動数** ■ 　単振動の周期 T と振動数 f を求めよう．$\cos x$ は周期が 2π ラジアン（360°）の周期関数，つまり，$\cos(x+2\pi) = \cos x$ なので，(4.9)式が表す振動は，

$$\omega T = 2\pi \tag{4.19}$$

になる時間 T を周期とする周期運動である．(4.19)式と(4.6)式から，ばね振り子のおもりの単振動は時間

$$\boxed{T = \frac{2\pi}{\omega} = 2\pi\sqrt{\frac{m}{k}}} \tag{4.20}$$

が経過するたびに同じ運動を繰り返す周期 T の周期運動であることがわかる．単位時間あたりの振動数 f と周期 T の関係は

$$fT = 1 \tag{4.21}$$

なので，ばね振り子の単振動の振動数 f は

$$\boxed{f = \frac{1}{T} = \frac{1}{2\pi}\sqrt{\frac{k}{m}}} \tag{4.22}$$

である．この式は，ラジアンで表した1秒あたりの回転角 ω は振動数 f の 2π 倍である事実，つまり，$\omega = 2\pi f$ を使っても導ける．振動数の単位は「回/秒」であるが，これをヘルツ（記号 Hz）とよぶ．ヘルツは電磁波の発生と検出に成功し，電磁気学を確立したドイツの学者にちなんだ単位名である．

振動数の式 (4.22) を眺めると，振動数 f は $\sqrt{k}$ に比例し，$\sqrt{m}$ に反比例するので，ばねにつけられたおもりの振動は，ばねが強く（k が大きく）おもりが軽い（m が小さい）ほど速く，ばねが弱く（k が小さく）おもりが重い（m が大きい）ほど遅いことがわかる．

振動数 f と周期 T を使うと，$\theta_0 = 0$ の場合の (4.18) 式は

$$x(t) = A \cos \omega t = A \cos 2\pi f t = A \cos (2\pi t/T) \tag{4.23}$$

と表されることがわかる．

おもりの運動を開始させる位置を変えると，振動の振幅は変化するが，周期 T は変化せず，一定である．この周期が振幅によって変わらないことは単振動の大きな特徴であり，**等時性**という．

例題1 図4.2の実験で，質量 $m = 1.0$ kg のおもりを吊るしたところ，ばねの伸び x_0 は 10 cm であった．
(1) ばね定数 k を求めよ．
(2) このばね振り子の周期を求めよ．
(3) このおもりが振幅 $A = 5$ cm の単振動を行っているとき，おもりの加速度の最大値 $a_{最大}$ はいくらか．これは重力加速度 g の何倍か．

簡単のため，重力加速度 g を 10 m/s^2 とせよ．

解 (1) $k = mg/x_0 = (1 \text{ kg}) \times (10 \text{ m/s}^2)/0.1 \text{ m}$
　　　$= 100$ kg/s^2
(2) $T = 2\pi\sqrt{m/k}$
　　　$= 2\pi\sqrt{1.0 \text{ kg}/(100 \text{ kg/s}^2)} = 0.63$ s
(3) $a_{最大} = A\omega^2 = Ak/m$
　　　$= 0.05 \text{ m} \times (100 \text{ kg/s}^2)/1 \text{ kg}$
　　　$= 5$ m/s^2,
　　　$a_{最大}/g = 5/10 = 0.5$

例題2 質量 2 t のトラックの車体は，4つの車輪につけられたばねで4か所で支えられている（図4.5）．ばね1つあたりの質量を 500 kg とし，ばね定数を 5.0×10^4 N/m とする．ばねの端がつり合いの位置から 1.0 cm 変位したために振動が生じたと

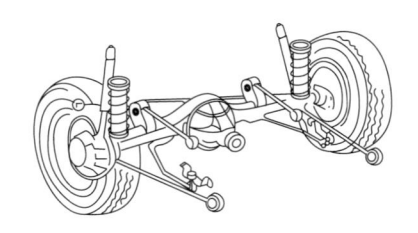

図 4.5 後輪のばね

して，このばねによる
(1) 振動の振動数 f と周期 T
(2) 速さの最大値 $v_{最大}$
(3) 加速度の最大値 $a_{最大}$

を求めよ．実際には，振動を減衰させる装置のために，振動は急速に小さくなる．

解 角振動数 $\omega = \sqrt{k/m}$
　　　　　　　　$= \sqrt{(5.0 \times 10^4 \text{ N/m})/(500 \text{ kg})}$
　　　　　　　　$= 10$ s^{-1}
(1) $f = \omega/2\pi = 10/2\pi$ s$^{-1} = 1.6$ s^{-1}
　　$T = 1/f = 1/(1.6 \text{ s}^{-1}) = 0.63$ s
(2) $v_{最大} = 2\pi fA = A\omega = 1.0 \text{ cm} \times 10 \text{ s}^{-1}$
　　　　　$= 10$ cm/s $= 0.1$ m/s
(3) $a_{最大} = A\omega^2 = 1 \text{ cm} \times (10 \text{ s}^{-1})^2 = 1.0$ m/s^2

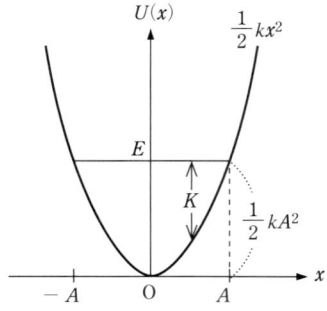

図 4.6 単振動のエネルギー
$E = K + U$
　$= \frac{1}{2}mv^2 + \frac{1}{2}kx^2$
　$= \frac{1}{2}kA^2 = $ 一定

4.3 弾力による位置エネルギー

ばねの弾力 $F = -kx$ によって振幅 A の単振動
$$x(t) = A\cos(\omega t + \theta_0) \tag{4.24}$$
を行う物体の速度は (4.11) 式から
$$v(t) = -\omega A\sin(\omega t + \theta_0) \tag{4.25}$$
である．(4.24) 式と (4.25) 式から
$$\frac{1}{2}mv^2 + \frac{1}{2}kx^2 = \frac{1}{2}A^2 m\omega^2 \sin^2(\omega t + \theta_0) + \frac{1}{2}A^2 k\cos^2(\omega t + \theta_0)$$
$$= \frac{1}{2}kA^2 = \frac{1}{2}m\omega^2 A^2 = \text{一定} \tag{4.26}$$

という関係が導かれる（$m\omega^2 = k$ と $\sin^2 x + \cos^2 x = 1$ を使った）（図 4.6）．

(4.26) 式の第1辺の第1項の
$$\frac{1}{2}(\text{質量})(\text{速さ})^2 = \frac{1}{2}mv^2 = K \tag{4.27}$$

を**運動エネルギー**，第2項の

$$U(x) = \frac{1}{2}kx^2 \qquad (4.28)$$

を，ばねの伸びあるいは縮みが x の場合の，ばねの**弾力による位置エネルギー**という．(4.26)式は

「運動エネルギー」+「弾力による位置エネルギー」= 一定 (4.29)

を意味する．運動エネルギーと位置エネルギーの和を**力学的エネルギー**というので，(4.29)式を**力学的エネルギー保存の法則**という．エネルギーについては第6章でさらに学ぶ．

例2 ゴムを使ったパチンコで玉を飛ばす（図4.7）．このとき，伸びたゴムの弾力による位置エネルギーのすべてが玉の運動エネルギーに変わるとする．ゴムの伸びがいつもの2倍になるように引き伸ばすと（$x_{最大}$ を2倍にすると），弾力による位置エネルギー（$kx_{最大}^2/2$）は4倍になる．そこで玉の初速 $v_0 = v_{最大} = \omega x_{最大}$ はいつもの2倍になるはずである．この玉を真上に飛ばすと，最高点の高さ $H = v_0^2/2g$ は4倍になり［(1.32)式］，水平に飛び出させると，球が地面に落ちるまでに2倍の距離を飛ぶはずである［2.8節，例題2］．実験して確かめよう．

図 4.7

4.4 単振り子

単振動の第2の例として，単振り子の振動がある．長い糸（長さ L）の一端を固定し，他端におもり（質量 m）をつけ，鉛直面内でおもりに振幅の小さな振動をさせる装置を**単振り子**という．おもりは糸の張力 $\boldsymbol{S}$ と重力 $m\boldsymbol{g}$ の作用を受けて，鉛直面内の半径 L の円弧上を往復運動する．糸の張力の向きはおもりの運動方向に垂直なので，おもりを振動させる力は重力 $m\boldsymbol{g}$ の軌道の接線方向成分 F である．振り子が鉛直線から角 θ だけずれた状態では

$$F = -mg\sin\theta \quad (g は重力加速度) \qquad (4.29)$$

である（図4.8）．負符号は，力の向きがおもりのずれの向きと逆向きで，つり合いの位置の方を向いていることを示す．この力 F によって，おもりは円弧上を往復運動する．

振り子の振幅が小さい場合には，おもりは近似的に水平な x 軸上を往復運動するとみなせる．$x = L\sin\theta$ なので，$F = -mgx/L$ である．したがって，単振り子のおもりの運動方程式は，近似的に，

$$ma = -\frac{mg}{L}x \quad \left(m\frac{d^2x}{dt^2} = -\frac{mg}{L}x\right) \qquad (4.30)$$

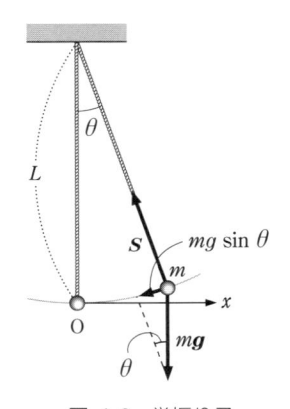

図 4.8 単振り子

$$\therefore \quad a = -\frac{g}{L}x \quad \left(\frac{\mathrm{d}^2 x}{\mathrm{d}t^2} = -\frac{g}{L}x\right) \tag{4.31}$$

となる．

$$\omega = \sqrt{\frac{g}{L}} \tag{4.32}$$

とおくと，(4.31)式は

$$a = -\omega^2 x \quad \left(\frac{\mathrm{d}^2 x}{\mathrm{d}t^2} = -\omega^2 x\right) \tag{4.33}$$

となる．この式は (4.7) 式 [(4.8) 式] と同じ形で，大きさがつり合いの位置からのずれに比例する復元力による運動を表すので，振幅の小さな場合の単振り子の振動は単振動であることがわかる．

単振り子の単振動の振動数 $f = \omega/2\pi$ と周期 $T = 2\pi/\omega$ は，(4.32)式を使うと，

$$f = \frac{1}{2\pi}\sqrt{\frac{g}{L}}, \quad T = 2\pi\sqrt{\frac{L}{g}} \tag{4.34}$$

である．単振り子の周期 T は糸の長さ L だけで決まり，糸が長いほど周期は長く，糸が短いほど周期は短い．振り子の振動の周期が振幅の大きさによらずに一定であることを**振り子の等時性**という．

伝説によると，振り子の等時性はピサの大聖堂のランプがゆれるのを見ていたガリレオによって 1583 年に発見されたことになっている．中部イタリアの都市ピサは斜塔（本来は鐘楼）で有名であるが，斜塔の隣には壮麗な大聖堂がある．当時ピサ大学の学生であった 19 歳のガリレオは，大聖堂の天井から吊るしてある大きな青銅製のランプに寺男が点灯した際に，ランプがゆれるのをじっと見ていて，振幅がだんだん小さくなっていっても，ランプが往復する時間は一定であることに気づいたということである．ガリレオは自分の脈拍を数えることによって，振動の周期が変わらないことを確かめたといわれている．なお，ガリレオは振り子の等時性ばかりでなく，振り子の周期 T は振り子の長さ L の平方根に比例すること ($T \propto \sqrt{L}$) も発見した．

例題 3 糸の長さ $L = 1$ m の単振り子の周期はいくらか．

解 (4.34)の第 2 式から

$$T = 2\pi\sqrt{\frac{L}{g}} = 2\pi\sqrt{\frac{1\,\mathrm{m}}{9.8\,\mathrm{m/s^2}}} = 2.0\,\mathrm{s}$$

例題 4 周期が 1 秒の単振り子の糸の長さは何 m か．

解 (4.34)の第 2 式から

$$L = gT^2/4\pi^2 = (9.8\,\mathrm{m/s^2}) \times (1\,\mathrm{s})^2/4\pi^2$$
$$= 0.25\,\mathrm{m}$$

問 2 糸の長さ $L = 2\,\text{m}$ の単振り子の周期はいくらか.

問 3 目測によると,ピサの大聖堂のランプを吊るすロープの長さは現在では 34 m だそうである(実際には途中に固定されているところがある).ランプの振動の周期は約 12 秒であることを示せ.

単振り子の周期 T は正確に測定できる.この測定値を使うと重力加速度 g は

$$g = \frac{4\pi^2 L}{T^2} \tag{4.35}$$

から正確に決められる.自由落下では運動が速すぎて g を正確に測定するのが難しいのと好対照である.

ニュートンは中空のおもりをつけた振り子をつくり,その中に木材,鉄,金,銅,塩,布などを入れて実験を行ったところ,振り子の周期に測定にかかるような差は生じないことを見出した.

この事実は,振り子の運動方程式 $ma = -mg\sin\theta$ の左辺に現れる物質の慣性を表す質量(慣性質量という)と右辺に現れる物質の重さ(重力を受ける強さ)と結びついた質量(重力質量という)が同一のものであることを示している.

4.5 減衰振動と強制振動

振り子の振動は,摩擦や空気の抵抗などによって振動のエネルギーを失い(図 4.9),外部からエネルギーを補給しないと,振幅が徐々に小さくなっていく(図 4.10).つまり,振り子の力学的エネルギー $kA^2/2$ [(4.26) 式] が減少するので,振り子の振幅 A が減少する.このような振幅が減衰する振動を**減衰振動**という.

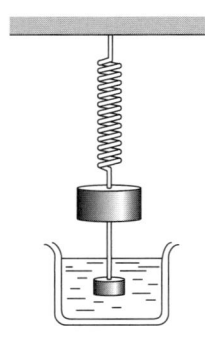

図 4.9 液体中の円板には抵抗が働き,振動を減衰させる.

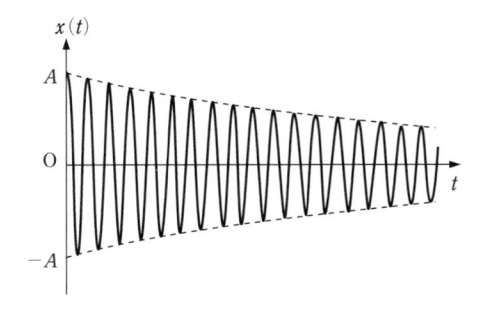

図 4.10 減衰振動. 外部からエネルギーを補給しないと,振動は減衰していく.

路面の凹凸によって発生した自動車の振動は乗り心地を悪くするし,部品の摩耗を早めるので,このような振動を速く減衰させるような装置がついている.建物の入り口のドアには,開いているドア

を閉めるばねがついていることが多い．このような場合，閉めたドアが枠にそっと接触するように，油を使った装置がついている（油の粘性は温度で変化するので，季節によって調整する必要がある）．

　振り子をいつまでも一定の振幅で振動させつづけるには，外部から一定の周期で変動する外力を作用させて，エネルギーを補給せねばならない．ブランコをこぐ足の屈伸運動は，外力による振動へのエネルギー補給の例である．このように，振動している物体が一定の周期で変動する外力の作用で，外力の周期と同じ周期で振動しているとき，この振動を**強制振動**という．ただし，ブランコをこぐ場合には,足の屈伸運動の周期はブランコの振動の周期の1/2である．

　振り子のような振動する物体には，その物体に固有の振動数があり，外力の振動数がこの**固有振動数**に一致するときには，強制振動の振幅は大きくなる．これを**共振**あるいは**共鳴**という．

　強制振動の例として，振り子の糸の上端を固定せずに，手で持って，水平方向に振動させる場合がある．振り子の固有振動数よりもはるかに小さな振動数で水平方向に振ると，おもりは手の動きに遅れて小さな振幅で振動する．手の往復運動の振動数を増加させるのにつれ，おもりの振幅は大きくなっていく．手の往復運動の振動数が振り子の固有振動数とほぼ同じときにおもりの振動の振幅は最大になる．これが振り子と外力の共振である．手の振動数をさらに増していくと，おもりは手の動きと逆向きに動くようになっていき，おもりの振幅は小さくなっていく．自分で実験して確かめてみよう．

　共振は日常生活でよく見かける現象である．たとえば，浅い容器に水を入れて運ぶ場合，容器の水の固有振動と同期する歩調で歩くと水は大きくゆれ動くのは共振の例である．建物や橋などの建造物を設計する際には，外力と共振して壊れないように注意する必要がある．多くの人間がつり橋を渡る際には，歩調を乱して歩かなければならない．歩調をそろえると，歩調とつり橋の固有振動が一致したとき，共振で橋が壊れる心配があるからである．

　バイオリンの弦を弓で弾く場合のように，振動的でない外力で振動が引き起こされる場合がある．これを自励振動という．バイオリンの場合には摩擦力が弦の振動にエネルギーを補給する．風が吹くと電線がなり，そよ風が吹くと水面にさざ波が立ち，笛を吹くと鳴るのも自励振動が起こるからである．

　高層ビルや橋などの建造物は，外部からの振動に共振したり，風などによって自励振動を起こさないように設計されている．

※ 第4章のキーワード ※

フックの法則，復元力，弾力，単振動，振動数，ヘルツ (Hz)，等時性，単振り子，弾力による位置エネルギー，減衰振動，強制振動，共振（共鳴）

演習問題 4

A

1. 単振り子のおもりが図1の点AとEの間を往復している．おもりが右から左へ運動しているとき，糸が切れた．その後のおもりの運動はどのようになるか．おもりが点A, B, C, D, Eのそれぞれにいるときに切れたらどうなるかを述べよ．

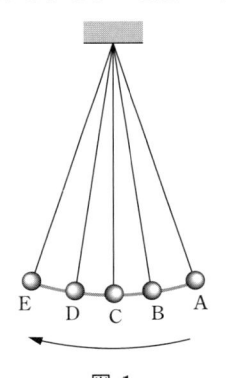

図 1

2. 水平で滑らかな床の上にあるばねにつけた4 kgの物体を，平衡の位置から0.2 mだけ手で横に引っ張って手を離した．ばね定数を $k = 100$ N/mとすると，

(1) 手を離したときの弾力による位置エネルギーはいくらか．

(2) 物体の最大速度はいくらか．

3. ばねに吊るした質量2 kgの物体の鉛直方向の振動の周期が2秒であった．ばね定数はいくらか．

4. 月の表面での重力加速度は，地球の表面での0.17倍である．同じ単振り子を月の表面で振らすときの振動の周期を求めよ．

5. 図4.2のばね振り子を月面上で振動させると，周期は変わるか．

B

1. 水平な回転円盤の上に質量2 kgの球Bが軸Aに長さ40 cmのばねで結ばれている．この円盤を1分間に360回転（360 rpm）の割合で回転させたら，球も同じ回転数で回転し，ばねの長さは70 cmに伸びた（図2）．

(1) 球の向心加速度と，球に作用するばねの弾力を計算せよ．

(2) ばね定数を求めよ．

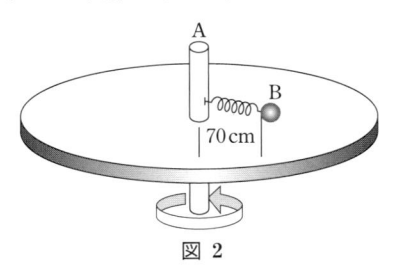

図 2

2. 図3に示すように，糸に質量100 gのおもりをつけ，糸がたるまないようにおもりを引き上げて静かに放す．おもりが最低点を通過する瞬間，おもりが糸から受ける張力の大きさSは次のどれか．

　ア　$S < 100$ gf　　イ　$S = 100$ gf
　ウ　$S > 100$ gf

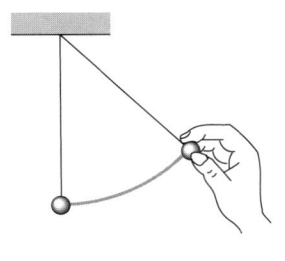

図 3

3. 和弓で矢を射るとき，矢に働く力は弓の弾力によって生じる．弓の弦に矢をつがえて1.0 m引いた．このとき手に働く力は25 kgの物体を持っているときと同じ大きさであった．

(1) 弓を引いた長さと手の力は比例すると考えて，この弓の弾性定数kを計算せよ．

(2) 矢が弦を離れるときの矢の速さを計算せよ．矢の質量は28 gとせよ．

5 摩 擦 力

　第2章でニュートンの運動の法則を学んだ．ニュートンの時代に自動車は存在しなかったが，われわれには身近な自動車を題材に選んで，運動の法則の理解を深めたい．自動車のアクセルやブレーキを踏んだり，ハンドルをまわすと自動車の速度が変化する．つまり，加速度 $\boldsymbol{a}$ が生じる．このとき運動方程式 $m\boldsymbol{a} = \boldsymbol{F}$ に現れる力 $\boldsymbol{F}$ はどのような力なのだろうか．

　自動車のアクセルを踏むときの自動車の加速度 $\boldsymbol{a}$ は前向き（自動車の進行方向と同じ向き）である（図2.6(a)）．運動の第2法則によれば，自動車には外部から加速度の向き，つまり，前向きに力が作用している．

　自動車のブレーキを踏むときの自動車の加速度 $\boldsymbol{a}$ は後ろ向き（自動車の進行方向と逆向き）である（図2.6(b)）．運動の第2法則によれば，自動車には外部から加速度の向き，つまり，後ろ向きに力が作用している．

　自動車のハンドルをまわすときの自動車の加速度 $\boldsymbol{a}$ の向きは進行方向に横向きである（図2.6(c)）．運動の第2法則によれば，自動車には外部から加速度の向き，つまり横向きに力が作用している．

　自動車のアクセルを踏む場合も，ブレーキを踏む場合も，ハンドルをまわす場合も，加速度の方向を向いていて，自動車の速度を変化させる力は，あとで示すように，路面の作用する摩擦力である．

　自動車と道路の間に摩擦力が作用しなければ，自動車は動きはじめない．しかし，自動車のエンジンを始動させなければ，自動車は動かない．エンジンのシリンダーの中でガソリンに点火し，燃焼させ，空気を膨張させて，ピストンを外に押し出させることなしに，自動車は動きはじめない．

　この章では，主として，摩擦力について学ぶ．

5.1 垂直抗力

われわれは地面の上，床の上，厚い氷の上などに立つことはできるが，水面，池に張った薄い氷，泥沼などの上に立つことはできない．その理由は，われわれに作用する地球の重力につり合う力を床や厚い氷は作用できるのに，薄い氷や泥沼は作用できないからである．このように，2つの物体が接触しているときに，接触面を通して面に垂直に相手の物体に作用する力を**垂直抗力**という（図 5.1）．

5.2 静止摩擦力

図 5.2 の物体を人間が水平方向の力 f で押すと，力 f が小さい間は物体は動かない．物体が動かないのは，物体の運動を妨げる向きに床が物体に力を作用するからである．床が，物体との接触面で接触面に平行な向きに作用する力 F を**摩擦力**という．

物体が床の上で静止している場合には，この摩擦力を**静止摩擦力**という．物体は静止しているので，物体に水平方向に働く外力のつり合いの条件から，人間が物体を押す力 f と床が物体に及ぼす静止摩擦力 F は大きさが等しく，反対向きである．つまり，$F = -f$ である．ここで $-f$ はベクトル f と同じ長さで，逆向きのベクトルであることを意味する記号である．

物体を押す力 f をある限度以上に大きくすると，物体は動きはじめる．この限度のときの静止摩擦力の大きさ $F_{最大}$ を**最大摩擦力**という．実験によると，最大摩擦力 $F_{最大}$ は床が物体に垂直に作用する垂直抗力の大きさ N に比例する*．

$$F_{最大} = \mu N \tag{5.1}$$

比例定数の μ を**静止摩擦係数**という．この μ は接触する 2 物体の面の材質，粗さ，乾湿，塗油の有無などの状態によって決まる定数で，最大摩擦力が垂直抗力の何倍かを示す．たとえば，$\mu = 1/2$ ならば，最大摩擦力は垂直抗力の半分の大きさである．静止摩擦係数 μ の値は接触面の面積が変わってもほとんど変化しない．

静止摩擦係数は，多くの場合，1 より小さい．そのため，物体を水平方向に移動させるには，物体を持ち上げて運ぶより，引きずって移動させる方が楽である．しかし，静止摩擦係数が 1 より大きければ，持ち上げて運ぶ方が楽である．

物理学では，摩擦力が働く面を粗い面，摩擦力が無視できる面を滑らかな面という．

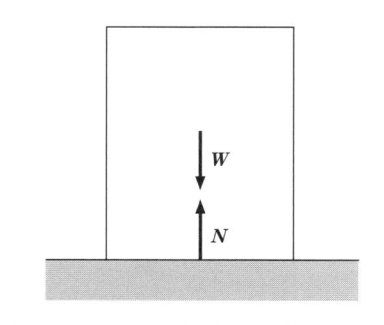

図 5.1 床の上の物体には，地球の重力 W と床からの垂直抗力 N が働く．

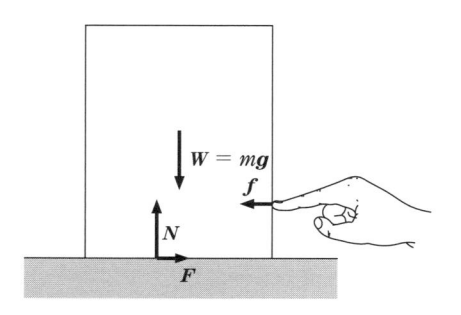

図 5.2 静止摩擦力，$F \leqq \mu N$．物体は静止しているので，手の押す力の大きさ f と静止摩擦力の大きさ F は等しい．$f = F$．床は物体との接触面全体に垂直抗力を作用するが，物体が回転しないためのつり合い条件から，この場合には左側の方の垂直抗力は右側の方の垂直抗力より大きいので，垂直抗力 N の矢印を中央より左側に描いた（第 8 章参照）．

* 垂直抗力（normal force）の大きさを表す記号のイタリック体の N と力の単位記号である立体の N を混同しないこと．

例1 水平面と角 θ をなす斜面の上に物体が静止している．この物体が斜面を滑り落ちはじめないための条件を求めよう．この物体には地球の重力 W が作用する．この鉛直下向きの重力 W を斜面に平行な方向の成分と斜面に垂直な方向の成分に分解すると，その大きさはそれぞれ $W\sin\theta$ と $W\cos\theta$ である．この物体には斜面が斜面に平行な方向に静止摩擦力 F と斜面に垂直な方向に垂直抗力 N を作用する．物体は静止しているので，物体に作用している3つの力，重力 W，静止摩擦力 F，垂直抗力 N のつり合いの条件から

$N = W\cos\theta$ （斜面に垂直な方向のつり合い条件）

$F = W\sin\theta$ （斜面に平行な方向のつり合い条件）

が導かれる（図5.3）．静止摩擦力の大きさ F は最大摩擦力 μN より大きくないので，

$$W\sin\theta = F \leq \mu N = \mu W\cos\theta$$

$$\therefore \quad \tan\theta = \frac{\sin\theta}{\cos\theta} \leq \mu \tag{5.2}$$

という条件が導かれる．$\theta = 30°$ なら $\mu \geq 0.58$，$\theta = 45°$ なら $\mu \geq 1.0$ である．

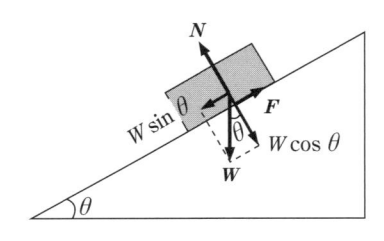

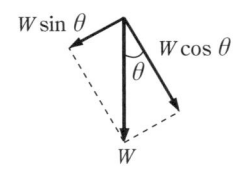

図 5.3 $N = W\cos\theta$．斜面上の物体が滑り落ちないための条件は $\tan\theta \leq \mu$．

例題1 図5.4のように，水平面から30°の方向に綱でそりを引いた．そりと地面の間の静止摩擦係数を0.25，そりと乗客の質量の和を60 kgとすると，そりが動きはじめるときの綱の張力 F の大きさは何 kgf か．

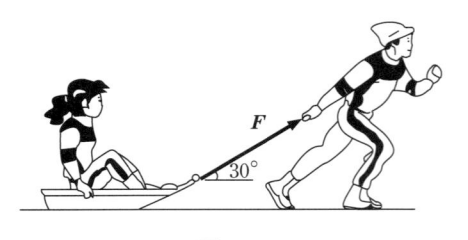

図 5.4

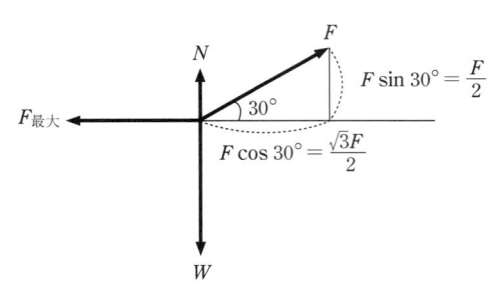

図 5.5

解 そりと乗客に働く外力は，引き手の力 F，重力 W，垂直抗力 N，最大摩擦力 $F_{最大}$ である．外力がつり合う条件から（図5.5）

鉛直方向：$W = N + F(\sin 30°)$
$\qquad\qquad\quad = N + F/2$
$\therefore \quad N = W - F/2$

水平方向：$F(\cos 30°) = (\sqrt{3}/2)F = \mu N$
$\qquad\qquad\qquad\qquad\quad = 0.25(W - F/2)$

$\therefore \quad F = \dfrac{0.5W}{\sqrt{3} + 0.25} = 0.25 \times 60 \text{ kgf} = 15 \text{ kgf}$

5.3 動摩擦力

床の上を動いている物体と床との間のように，速度に差がある2つの物体（固体）の間には，2つの物体の速度の差を減らすような摩擦力が接触面に沿って働く．この摩擦力を**動摩擦力**という（図5.6）．実験によれば，動摩擦力の大きさ F も垂直抗力の大きさ N に比例し，次の関係

$$F = \mu' N \tag{5.3}$$

を満たす．比例定数 μ' は，接触している2物体の種類と接触面の材質，粗さ，乾湿，塗油の有無などの状態によって決まり，接触面の面積や滑る速さには関係が少ない定数である．μ' を**動摩擦係数**という．一般に動摩擦係数 μ' は静止摩擦係数 μ より小さく，

$$\mu > \mu' > 0 \tag{5.4}$$

である．自動車のブレーキを踏むと減速し，強く踏むといきおいよく減速する．しかし自動車が路面を滑りはじめると（スキッドしはじめると），摩擦力が減少するので自動車をコントロールしにくくなるので危険である．

表5.1にいくつかの固体の摩擦係数を示す．表面が磨いてある場合の値である．

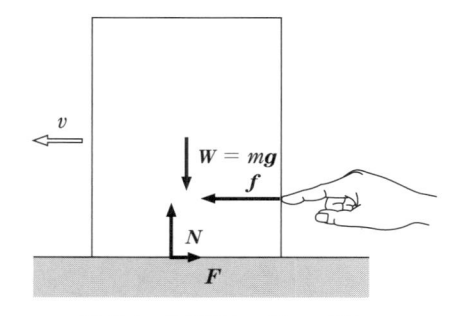

図 5.6 動摩擦力，$F = \mu' N$.

表 5.1 摩擦係数

I	II	静止摩擦係数		動摩擦係数	
		乾燥	塗油	乾燥	塗油
鋼　　鉄	鋼　　鉄	0.7	0.05〜0.1	0.5	0.03〜0.1
鋼　　鉄	鉛	0.95	0.5	0.95	0.3
ガラス	ガラス	0.94	0.35	0.4	0.09
テフロン	テフロン	0.04	—	0.04	—
テフロン	鋼　　鉄	0.04	—	0.04	—

固体Iが固体IIの上で静止または運動する場合．

機械を運転するときには，機械を摩耗させる摩擦は望ましくない．しかし毛織物の毛糸がほどけないのも，ひもを結ぶとき結び目がほどけないのも，摩擦のためである．釘が木材から抜けないのも，ナットがボルトからはずれないのも，摩擦のためである．このように摩擦は日常生活にとって必要である．

5.4 道路が摩擦力で押さないと車は動かない

ニュートンの運動の法則によれば，静止している自動車が前進するのは，外部から自動車に前方を向いた力が働くからである．この事実は，電池などの動力源の入っていない，おもちゃの自動車を床の上で動かすには，手で押さねばならないことから明らかである．しかし，本物の自動車の場合には，エンジンをかけてギアを入れ，アクセルを踏めば，エンジンの動力が車を前進させるので，外部から自動車に前方を向いた力が働いて，その力が静止していた自動車を前進させているとは思えない．

だが，自動車が加速している場合には，道路が自動車のタイヤに前方を向いた摩擦力を作用している．その証拠に，雪国の凍結路面とタイヤの間のように摩擦力が働かない場合には，自動車のエンジンをかけてアクセルを踏んでも車輪が空転するだけで，自動車は前進しない．

確かに，自動車が前進する原動力はエンジンが車輪を回転させようとする力である．エンジンの及ぼす力が車輪まで伝えられ，車輪を回転させようとすると，タイヤと道路の接触面でタイヤは道路に後ろ向きの力を作用するので，作用反作用の法則によって，道路はタイヤに前向きの摩擦力を及ぼす．つまり，自動車を前進させる力は，エンジンの働きによって誘起された道路による前向きの摩擦力である．

自動車を停止させるにはブレーキをかける．ブレーキには車輪とともに回転する円筒（ドラム）や円板（ディスク）に制動子を押しつけるドラムブレーキやディスクブレーキなどがあり，ブレーキの中で作用する摩擦力が車輪の回転を止めようとする．自動車の速度があまり減らないのに車輪の回転数が減ると，タイヤと道路の接触面でタイヤは自動車に引きずられる形になり，タイヤは道路に前向きの摩擦力を作用するので，道路は反作用としてタイヤに後ろ向きの摩擦力を及ぼす．自動車を停止させる力はブレーキの中の動摩擦力によって誘起された道路による後ろ向きの摩擦力である．

自動車がカーブを曲がるときには路面がタイヤに横向きの摩擦力を作用する（図5.7（a））．このことは，おもちゃのレーシングカーのスピードが速いと，円形の走路を曲がりきれず，走路から飛び出してしまうことからわかるだろう．半径 r の円弧状にカーブした道路を速さ v で走っている自動車に働く横方向の力の大きさ F は，（3.5）式が示すように，速さ v の2乗に比例して増加し，半径 r に反比例して増加する．

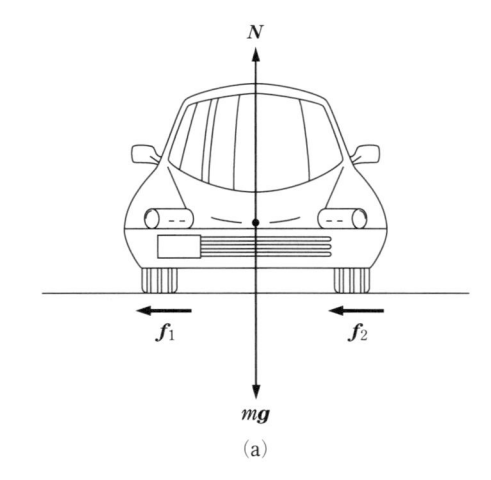

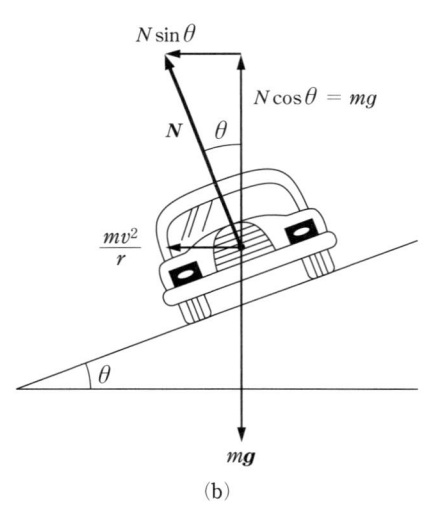

図5.7 （a）自動車が右に曲がるときに，路面が矢印のような横向きの摩擦力 f_1, f_2 をタイヤに作用する．これが向心力である．$f_1 + f_2 = mv^2/r$．重力 $m\boldsymbol{g}$ は自動車全体に作用し，垂直抗力 N は両側のタイヤに作用するが，簡単のために自動車の重心に作用するとして描いた．（b）路面が横方向に傾斜しているときには，垂直抗力 N と重力 $m\boldsymbol{g}$ の合力が横向きの力（向心力）になる．

高速道路のカーブでは内側の方が低いようにつくられている．路面が自動車に作用する垂直抗力が水平方向成分をもち，曲がるために必要な中心方向を向いた摩擦力の大きさを減らし，横方向へのスリップの危険性を減らすためである（図 5.7 (b)）．

　半径 100 m のカーブを時速 72 km（秒速 20 m）で走るとき摩擦力が 0 になるような路面の傾きの角 θ を求めてみよう．この場合の向心加速度 $a = v^2/r$ は

$$a = \frac{v^2}{r} = \frac{(20 \text{ m/s})^2}{100 \text{ m}} = 4 \text{ m/s}^2$$

である．

　鉛直方向のつり合い条件から，重力 $m\boldsymbol{g}$ と垂直抗力 $\boldsymbol{N}$ の鉛直方向成分 $N \cos \theta$ が等しいという関係，$N \cos \theta = mg$，が導かれる．垂直抗力 $\boldsymbol{N}$ の水平方向成分 $N \sin \theta$ が円運動を行うために必要な中心を向いた力 mv^2/r に等しいという条件，

$$mv^2/r = N \sin \theta = mg \tan \theta$$

が摩擦力が 0 になるという条件である（図 5.7 (b)）．したがって，重力加速度 $g \fallingdotseq 10 \text{ m/s}^2$ の $\tan \theta$ 倍が向心加速度 v^2/r の 4 m/s^2 に等しい場合，つまり，

$$\frac{v^2}{r} = g \tan \theta \qquad \therefore \quad \tan \theta = \frac{v^2}{rg} = 0.4$$

の場合に摩擦力が 0 になる．したがって，路面の傾きの角 θ は

$$\theta = 22°$$

で，かなり急斜面である．

　自転車に乗ってカーブしている道路を走るとき，自転車を鉛直に対して傾けると，タイヤに横向きに働く摩擦力は減少する．

5.5　空気や水の抵抗力

■ **粘性抵抗** ■　　走行中の自動車には空気の抵抗力が作用する．気体の中を運動する自動車の受ける抵抗力は複雑である．速さが遅い間は自動車の受ける抵抗力は自動車の速さに比例する．この速さ v に比例する抵抗を**粘性抵抗**とよぶ．空気のもつ ねばねばする性質の粘性による抵抗だからである．

　速度 $\boldsymbol{v}$ で運動している半径 R の球状の物体に対する気体や液体の粘性抵抗は

$$\boldsymbol{F} = -6\pi \eta R \boldsymbol{v} \qquad (5.5)$$

と表される．これを**ストークスの法則**という．η は粘度とよばれ，気体や液体ごとに決まっている定数である．この式の右辺の負符号は，粘性抵抗 $\boldsymbol{F}$ は速度 $\boldsymbol{v}$ と逆向きであることを意味している．

▌**慣性抵抗**▐　自動車の速さが速くなり，自動車の後方に渦ができるようになると，自動車の受ける抵抗力は速さの 2 乗に比例するようになる．渦の部分での空気の圧力はほぼ 1 気圧であるが，フロントガラスのような自動車の前部の受ける空気の圧力は速さの 2 乗に比例して増加するからである．車の前部と後部の受ける圧力差による速さ v の 2 乗に比例する抵抗を**慣性抵抗**という．

密度 ρ の液体や気体の中を速さ v で運動する物体の受ける慣性抵抗の大きさ F は，

$$F = -\frac{1}{2}C\rho Av^2 \tag{5.6}$$

と表される．A は運動物体の断面積で，抵抗係数 C は球の場合は約 0.5，流線形だともっと小さい．慣性抵抗の大きさを表す (5.6) 式の右辺の負符号は本当はおかしいが，慣性抵抗 $\boldsymbol{F}$ は速度 $\boldsymbol{v}$ と逆向きであることを記憶させる意味でわざとつけた．航空機が飛行中に受ける抵抗力は (5.6) 式に非常によく合う．

自動車が高速で走る場合に空気から受ける抵抗は慣性抵抗である．したがって，自動車が高速で走る場合には，自動車のエンジンは，速さの 2 乗に比例して増加する慣性抵抗につり合う前向きの力のする仕事をしなければならないので，このために 2 地点間のドライブでのガソリンの消費量は速さの 2 乗に比例して増加する．また，同じ時間で比べると，走行距離は速さに比例するので，同じ時間でのガソリンの消費量は速さの 3 乗に比例する．

▌**雨滴の落下**▐　無風状態の大気中の小さな雨滴（質量 m）に働く力は，鉛直下向きの重力 mg と鉛直上向きの粘性抵抗 bv である（図 5.8）．したがって，鉛直下向きを $+x$ 方向に選ぶと，雨滴の運動方程式は

$$ma = mg - bv \tag{5.7}$$

である．落下しはじめは落下速度 v が小さく $bv \ll mg$ なので，粘性抵抗は無視でき，雨滴は重力加速度 g の等加速度直線運動を行う．雨滴の速さ v が増加するのにつれて粘性抵抗が増加するので，雨滴に働く下向きの合力の大きさは減少し，したがって加速度も減少していく．速さ v が

$$v = v_\mathrm{t} \equiv \frac{mg}{b} \tag{5.8}$$

になると，雨滴に働く力は 0 になるので，雨滴は速さ v_t の等速落下運動を行うようになる．この速さ v_t を**終端速度**という．

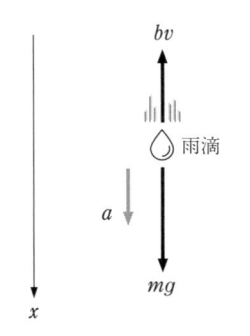

図 5.8　雨滴の落下，$ma = mg - bv$.

例 2 粘性抵抗を受けて水の中を終端速度で落下しているいくつかの球状の物体がある．直径が同じなら，同じ大きさの粘性抵抗 bv を受けるので，終端速度 $v_t = mg/b$ は物体の質量に比例する．

■ **スカイダイビング** ■ 飛行機からスカイダイビングするときには，慣性抵抗 $(1/2)C\rho A v^2$ を受ける．落下速度が増して，終端速度

$$v_t = \sqrt{\frac{2mg}{C\rho A}} \tag{5.9}$$

になると，スカイダイバーに働く力は，重力と慣性抵抗の合力 $mg - (1/2)C\rho A v_t^2 = 0$ になるので，スカイダイバーは等速運動を行うようになる．スカイダイバーが身体の向きや四肢の状態を変えると，慣性抵抗の係数は変化する．

スカイダイバーが四肢を広げた姿勢のときの終端速度は約 200 km/h である．もちろん最後にはスカイダイバーはパラシュートを開いて空気の抵抗を増加させることによって，終端速度を減少させた後に着地する（図 5.9）．

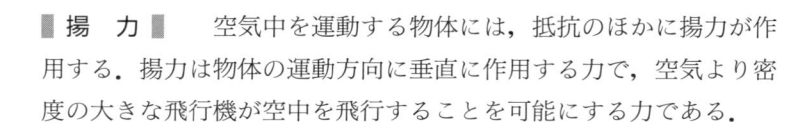

図 5.9 スカイダイバー

■ **揚 力** ■ 空気中を運動する物体には，抵抗のほかに揚力が作用する．揚力は物体の運動方向に垂直に作用する力で，空気より密度の大きな飛行機が空中を飛行することを可能にする力である．

――― ◆ 第 5 章のキーワード ◆ ―――
垂直抗力，静止摩擦力，最大摩擦力，静止摩擦係数，動摩擦力，動摩擦係数，粘性抵抗，慣性抵抗

演習問題 5

A

1. 例題 1 でそりが動き出した後での綱の張力 F の大きさは何 kgf か．そりと地面の間の動摩擦係数を 0.20 とせよ．

B

1. 水の密度を ρ とすると，半径 r の雨滴の質量は $m = (4\pi/3)\rho r^3$ である．そこで粘性抵抗 $bv = 6\pi \eta r v$ のみを受けて落下する小さな雨滴の終端速度は

$$v_t = \frac{mg}{b} = \frac{(4\pi/3)\rho r^3 g}{6\pi \eta r} = \frac{2r^2 \rho g}{9\eta}$$

であり，終端速度は雨滴の半径 r の 2 乗に比例して増加することを説明せよ．

6 仕事とエネルギー

　物理学には，力と運動，電気・磁気，熱，光，波，原子などいろいろな対象がある．物理学では，これらの対象を，力学，電磁気学，熱学などという名前で別々に学ぶのが慣例である．しかし，これらの現象はたがいに無関係ではない．物理学は自然を，少数の法則に基づいて，統一的に理解しようとする人類の努力の成果である．自然を統一的に理解する鍵は**エネルギー**である．

　エネルギーは日常用語として使用されているが，語源はギリシャ語で仕事を意味するエルゴンである．物理用語としてのエネルギーの意味は「仕事をする能力」だと考えてよい．

　生命活動をはじめとして，すべての自然現象はたえずエネルギーが注入されなければ継続しない．エネルギーにはいろいろなタイプのものがある．どのタイプのエネルギーも他のタイプのエネルギーに変わっていき，エネルギーの存在場所は移動していく．自然現象を理解するには，このように移り変わるエネルギーの流れを追っていくのがよい．力が作用することでエネルギーの形態が変わる場合には，力のする仕事が仲立ちをする．ニュートンの運動法則は重要であるが，エネルギーと仕事という考え方も同じように重要である．

　この章では，仕事とエネルギー，それに仕事率（パワー）について学ぶ．

6.1　力 と 仕 事

■ 力と仕事 ■　　日常生活で「仕事」という言葉はよく使われる．日常生活では「仕事」という言葉はいろいろな意味で使われるが，物理学では「**仕事**」という言葉を，「力が物体に作用して，物体が移動したとき，この力は物体に

$$\text{「力の大きさ」}\times\text{「力の向きへの移動距離」}$$

という量の仕事をした」という場合に限定して使う．

　つまり，物体が力 F の向きに距離 d だけ移動した場合に（図

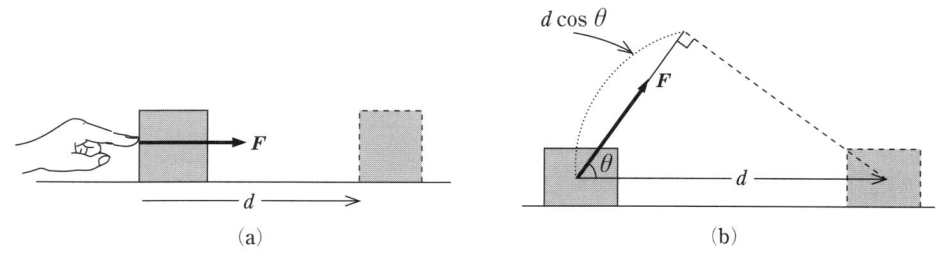

図 6.1 (a) $W = Fd$, (b) $W = Fd\cos\theta$

6.1 (a)), 力 $\boldsymbol{F}$ が物体にした仕事 W は
$$W = Fd \tag{6.1a}$$
である. 物体の移動距離は d であるが, 力 $\boldsymbol{F}$ の向きと移動の向きのなす角が θ の場合には (図 6.1 (b)), 力 $\boldsymbol{F}$ の向きへの移動距離は $d\cos\theta$ なので, 力 $\boldsymbol{F}$ が物体にした仕事 W は
$$W = Fd\cos\theta \tag{6.1b}$$
である.

仕事の国際単位は, 力の単位「ニュートン $N = kg \cdot m/s^2$」と距離の単位「メートル m」の積の $N \cdot m = kg \cdot m^2/s^2$ であるが, ジュール熱の研究によってエネルギー保存の法則を発見した英国のジュールに敬意を払って, これをジュール (記号 J) という. つまり仕事の単位の 1 ジュールは, 1 N の力で物体を力の向きに 1 m 移動させたときの仕事である.

$$\text{仕事の国際単位} \quad J = N \cdot m = kg \cdot m^2/s^2 \tag{6.2}$$

ジュールはエネルギーの単位でもある. この事実は, あとで示すように, 仕事がエネルギーに変わり, エネルギーが仕事に変わる事実から理解できる.

例 1 人が重い車を一定の力 F で押して坂道を距離 d だけ登った場合, この力が車にした仕事は Fd である (図 6.2 (a)). 人が坂の途中で立ち止まって車を支えている場合, 人は疲れるが, 車の移動距離は 0 なので, 物理学ではこの力がした仕事は 0 である

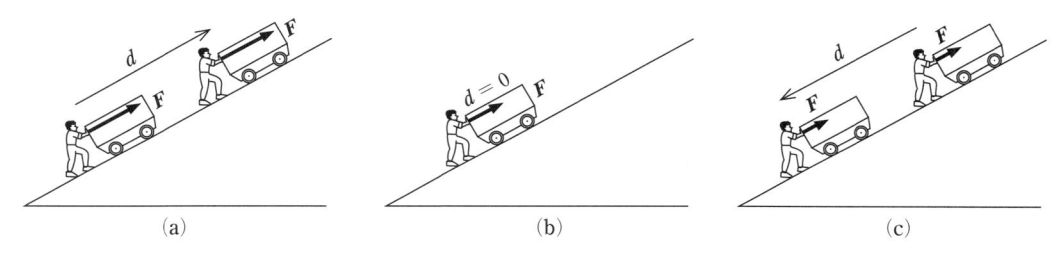

図 6.2 力と仕事. (a) 力 $\boldsymbol{F}$ の方向と移動方向は同じ. $W = Fd > 0$. (b) 移動しないときは, $W = 0$. (c) 力 $\boldsymbol{F}$ の方向と移動方向は逆向き. $W = -Fd < 0$.

6.1 力と仕事

(図 6.2 (b))．人の力が足りなくて，力 F で押しているのに，車が距離 d だけずり落ちた場合には，力の向きへの車の移動距離は $-d$ なので，この力がした仕事はマイナスの量で，$-Fd$ である（図 6.2 (c)）．

例2 物理学では，人間がバーベルを持ち上げるときには，人間はバーベルに仕事をする（図 6.3 (a)）．しかし，バーベルを持ちつづけていても，人間は疲れるが移動距離は 0 なので，バーベルに仕事をしたことにはならない（図 6.3 (b)）．あるいは持ち上げたまま歩いても，持ち上げている力の方向（鉛直上方）への移動距離は 0 なので，バーベルに仕事をしたことにはならない．

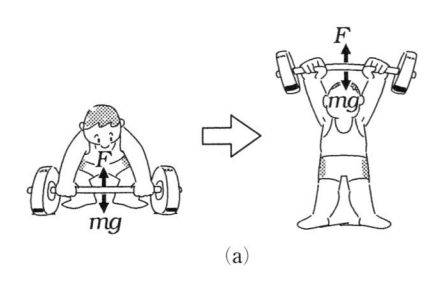

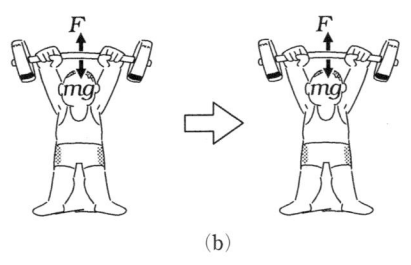

図 6.3 (a) バーベルを持ち上げるときには仕事をする．バーベルの質量を m, 持ち上げた高さを h とすると，人間がした仕事は「力 $F = mg$」×「距離 h」$= mgh$．(b) バーベルを持ち続けていても仕事をしたことにはならない．

6.2 重力による位置エネルギーと運動エネルギー

質量 m の物体を重力 mg にさからってゆっくり持ち上げるときの手の力 F の強さはほぼ mg である．したがって，物体をゆっくり高さ h のところに持ち上げるときには，力の方向と移動方向が同じなので（図 6.4 (a)），手の力がする仕事 W は $mg \times h$, つまり

$$W = mgh \tag{6.3}$$

である．$g = 9.8 \, \text{m/s}^2$ は重力加速度である．質量 m の物体を斜めの向きに高さ h のところに持ち上げるときも，力の向きへの移動距離はやはり h なので（図 6.4 (b)），手の力 F がする仕事は mgh である．手がする仕事の源は腕の筋肉の化学的エネルギーである．

高さ h のところに持ち上げた物体から手を離し，物体を床まで距離 h だけ自由落下させると，重力の方向と物体の移動の向きは同じなので，物体に働く地球の重力 mg は $mg \times h = mgh$ の仕事をする（図 6.5 (a)）．高さ h の斜面の上から物体が滑り落ちるときに重力のする仕事も mgh である（図 6.5 (b)）．

さて，建設現場の基礎工事で過去に使われていた，杭打ち機の杭

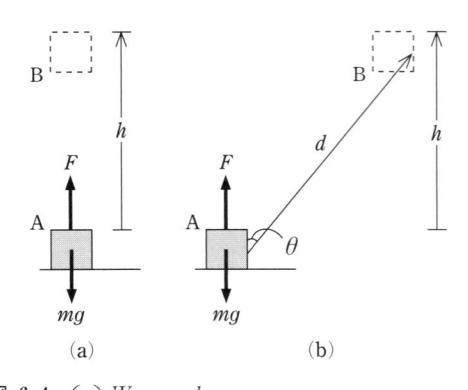

図 6.4　(a) $W = mgh$,
(b) $W = mg \cdot d \cos\theta = mgh$　($h = d \cos\theta$)

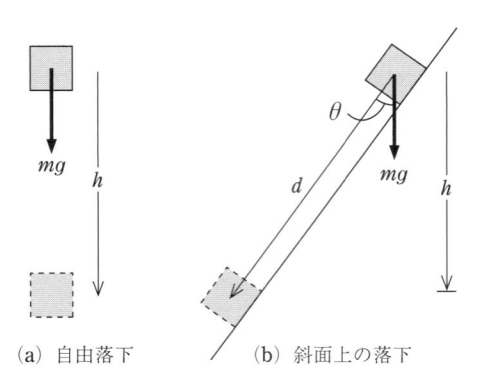

図 6.5　(a) $W = mgh$,
(b) $W = mg \cdot d \cos\theta = mgh$　($h = d \cos\theta$)

(a) 自由落下　(b) 斜面上の落下

打ち作業を思い出してみよう．まず重いおもり（質量 m）を高いところ（高さ h）まで吊り上げる．次におもりを重力の作用で落下させ，真下にある杭の頭部に衝突させて，杭を地中に押し込む．

つまり，運動している物体は他の物体に衝突すると相手に力を及ぼして仕事をする．そこで，運動している物体は**運動エネルギー**をもつという．質量 m の物体の速さが v のとき，この物体の運動エネルギーを

$$\frac{1}{2}mv^2 \tag{6.4}$$

と定義する．国際単位系で，質量の単位は kg，速さの単位は m/s なので，(6.4) 式から，運動エネルギーの国際単位もやはり，kg·m^2/s^2 = J であることがわかる．

空気の抵抗が無視できるときには，物体が自由落下を始めてから時間 t が経過したときの落下速度は $v = gt$ で，落下距離は $h = gt^2/2$ である．第1式から得られる $t = v/g$ を第2式に代入して ($h = v^2/2g$)，両辺を mg 倍すると，$mgh = mv^2/2$ という関係が導かれる．そこで，自由落下するおもりの運動エネルギー $mv^2/2$ は，重力がおもりにした仕事 mgh が変換したものだとみなせるので，高いところ（高さ h）にある質量 m の物体は仕事をする能力である**重力による位置エネルギー**

$$mgh \tag{6.5}$$

をもつという．

高いところにある物体は落下していくと（h が減少するので）重力による位置エネルギーが減少し，加速されるので（v が増加するので）運動エネルギーが増加する．空気の抵抗が無視できるときは，重力による位置エネルギーと運動エネルギーの和は一定である．

$$\frac{1}{2}mv^2 + mgh = 一定 \tag{6.6}$$

運動エネルギーと重力による位置エネルギーの和を**力学的エネルギー**というので，(6.6) 式を**力学的エネルギー保存の法則**という．ある量が保存するとは，「時間が経過してもその量は増加もせず減少もせず一定である」ということを意味する．自由落下でない場合の (6.6) 式の証明は 6.4 節の**参考**で行う．

おもりが杭に衝突すると，おもりは杭を地中に押し込むが，杭と土との間に作用する摩擦力のために，杭はある深さのところで止まる．このとき摩擦で**熱**が発生する．したがって，おもりが高いところにある場合の重力による位置エネルギーが，落下によって運動エ

ネルギーに変化し，杭に衝突すると運動エネルギーが熱に変わるというのが，杭打ち作業でのエネルギーの流れである．熱はエネルギーの一形態である．

このおもりをもう一度高いところまで吊り上げるには，ガソリンエンジンでクレーンに仕事をさせて，ガソリンの化学的エネルギーをおもりの重力による位置エネルギーに変える必要がある．質量 m の物体を重力 mg にさからって高さ h だけ持ち上げるときの仕事は，「力 mg」×「移動距離 h」$= mgh$ なので，「外力がおもりにした仕事量」=「おもりの重力による位置エネルギーの増加量」である．

例題1 クレーンが質量1tの鋼材を地面から高さ25mのところまで持ち上げるとき，クレーンのする仕事を求めよ（図6.6）．

解 力は $mg = 1000 \text{ kg} \times 9.8 \text{ m/s}^2 = 9800 \text{ N}$ で，力の方向への移動距離は $h = 25 \text{ m}$ なので，クレーンが行った仕事 W は
$$W = mgh = 9800 \text{ N} \times 25 \text{ m} = 2.45 \times 10^5 \text{ J}$$
$$= 245 \text{ kJ}$$

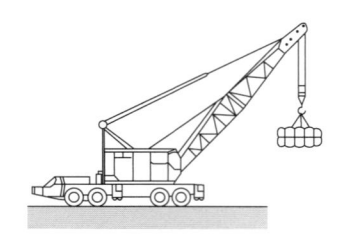

図 6.6

参考 外力のした仕事と弾力による位置エネルギーの増加量

図6.7の水平で滑らかな床の上のばね（ばね定数 k）につけられたおもり A を右に引っ張って，ばねの長さを a だけ伸ばすと，弾力による位置エネルギー $kx^2/2$ は $x = 0$ での0から $x = a$ で

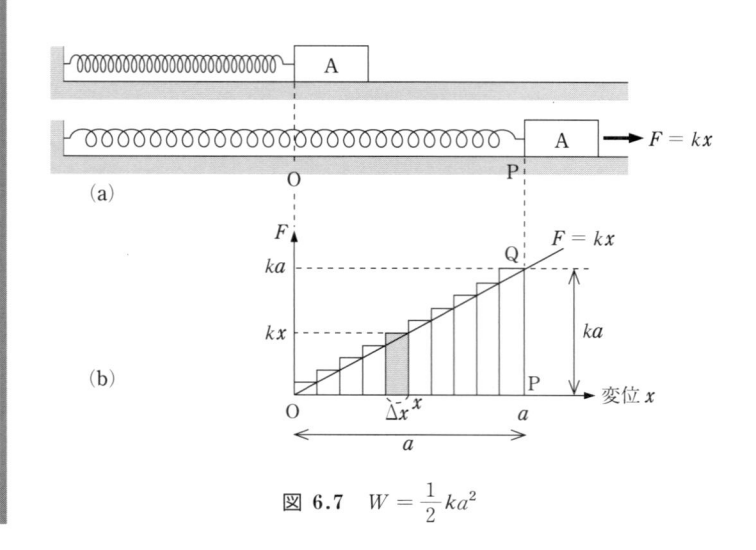

図 6.7　$W = \dfrac{1}{2}ka^2$

78　6．仕事とエネルギー

の $ka^2/2$ まで増加する．弾力による位置エネルギーの増加量 $ka^2/2$ は，ばねを引き伸ばした外力のした仕事に等しいことが，次のように示される．

ばねの伸びが x のばねの弾力は $-kx$ なので，この状態のばねをさらに引き伸ばすには，人間が外力 $F = kx$ を加えねばならない．実際には kx より少し大きな力を加えねばならないが，この余分な力のする仕事は無視できる．力 $F = kx$ はばねの伸び x とともに変化するので，外力のする仕事を求めるには，図 6.7 に示すように，長さ a の区間 OP を細かく分割して，それぞれの微小な区間をおもりが動く間に弾力がする仕事の和を求めねばならない．伸びが $x - \Delta x$ のばねを Δx だけ伸ばして伸びを x にするために外力 $F = kx$ を加えると，このとき外力がする仕事 ΔW は「力の大きさ $F = kx$」×「力の方向へのおもりの移動距離 Δx」なので，

$$\Delta W = (kx)\Delta x \tag{6.7}$$

である．つまり，図 6.7 のアミの部分の面積である．したがって，求める仕事 W は，図 6.7 の底辺の長さが a で高さが ka の三角形 OPQ の面積

$$W = \frac{1}{2}ka^2 \tag{6.8}$$

である．

逆に，ばねを押し縮める場合にも，外力の向きとおもりの移動の向きは同じなので，ばねを押し縮める外力のする仕事は正である．自然な状態のばね（$x = 0$）を長さ a だけ押し縮める場合（$x = -a$）に外力のする仕事も (6.8) 式で与えられる．

4.3 節で学んだように，$ka^2/2$ は，ばねが自然な長さに比べ長さが a だけ伸びたり縮んだりしているときの，弾力による位置エネルギーである．したがって，おもりに外力を作用して，ばねを伸ばしたり縮めたりすると，外力のする仕事は弾力による位置エネルギーに変わることがわかった．

6.3　仕事率（パワー）

単位時間（1 秒間）あたりに行われる仕事を**仕事率**あるいは**パワー**という．つまり，時間 t に行われた仕事を W とすると，仕事率 P は

$$\text{仕事率（パワー）} = \frac{\text{「行われた仕事」}}{\text{「仕事にかかった時間」}} \qquad P = \frac{W}{t} \tag{6.9}$$

である．したがって，仕事率（パワー）の国際単位は，「仕事の単位

J」/「時間の単位 s」で，これをワット（記号 W）という．
$$W = J/s \tag{6.10}$$
である*．つまり，1秒間に1Jの仕事をする仕事率が1Wである．これは電力の単位のワットと同じものである．ワットは凝縮器のついた蒸気機関を発明した英国人で，自分の製作した蒸気機関の性能を示すために馬力という仕事率の実用単位を考案した人物である．同じ量の仕事をどのくらい速くなし遂げられるかは，工業では重要な問題である．なお，モーターなどの仕事率を出力ということが多い．

* 仕事を表す記号のイタリック体の W と仕事率の単位記号である立体のWを混同しないこと．

例題2 クレーンが1000 kgの鋼材を20秒間で25 mの高さまで吊り上げた（例題1参照）．このクレーンの仕事率（パワー）P を計算せよ．

解 例題1で求めたように，クレーンが行った仕事 W は，
$$W = mgh = 2.45 \times 10^5 \text{ J}$$
$$\therefore P = \frac{mgh}{t} = \frac{2.45 \times 10^5 \text{ J}}{20 \text{ s}}$$
$$= 1.2 \times 10^4 \text{ W} = 12 \text{ kW} \tag{6.11}$$

(6.11)式の中の h/t は力の方向への移動速度 v なので，この式を
$$P = mgv \tag{6.12}$$
と表せる．一般に，力 $\boldsymbol{F}$ の作用を受けている物体が，力の方向へ一定の速度 $\boldsymbol{v}$ で動いている場合，この力の仕事率 P を
$$P = \frac{W}{t} = \frac{Fd}{t} = Fv$$
つまり，
$$P = Fv \tag{6.13}$$
と表せる．

例題3 例題1, 2のクレーンに出力10 kWのモーターがついている．滑車・ロープなどの摩擦損失を出力の20%とすると，鋼材を何秒で25 mの高さまで持ち上げられるか．

解 モーターがする仕事は245 kJなので，(6.9)式から
$$t = \frac{W}{P} = \frac{245 \text{ kJ}}{0.80 \times 10 \text{ kW}} = 31 \text{ s}$$

例3 あるデータによると東海道新幹線電車が時速270 km (75 m/s) で走行中に受ける抵抗 R は，空気の抵抗を考えない場合は，$R = 0.011 mg$ だという．m は新幹線電車の質量で710 tである．この抵抗に対して必要な電車のモーターの出力 P は
$$P = Fv = 0.011 \times 710 \times 10^3 \text{ kg} \times (9.8 \text{ m/s}^2) \times (75 \text{ m/s})$$
$$= 5740 \text{ kW}$$
である．このほかに空気抵抗を考慮せねばならない．ある東海道新幹線電車のモーターの総出力は12000 kWである．

6.4　仕事と運動エネルギーの関係

ニュートンの運動の法則によれば，「力」＝「質量」×「加速度」なので，力が物体に作用すれば，加速度が生じ，物体の速度は変化す

る．自動車を運転する際に，一定の速さでカーブを曲がって速度の向きを変えるにはハンドルをまわすだけでよいのに，これに等しい大きさの加速度を前方に生み出すにはアクセルを踏んでガソリンを消費しなければならない．両方の場合に作用する力の大きさが等しいのにガソリンの消費量に差が出るのは，以下で説明するように，加速度を生み出した力が仕事をしたかしないかの違いによる．

アクセルを踏んだ場合には，道路が作用する前向きの摩擦力の方向に自動車が進んでいくので，摩擦力は仕事をする（図 6.8 (a)）．カーブを曲がる場合には，自動車の進行方向と道路が作用する摩擦力の方向は垂直なので，摩擦力の方向に自動車は進まず，摩擦力は仕事をしない（図 6.8 (b)）．

道路が自動車に作用する摩擦力が仕事をする場合には自動車の速さが増し，仕事をしない場合には自動車の速さは変わらない．正確にいうと，自動車に作用する摩擦力が自動車にした仕事の量だけ自動車の運動エネルギー $mv^2/2$ が増加する．ただし，これは自動車に作用する空気の抵抗やその他の抵抗力を無視した場合である．

もっと厳密にいうと，自動車に作用する**すべての**力の合力が自動車にした**仕事の量** W だけ自動車の**運動エネルギー**が増加するのである．つまり，

$$\frac{1}{2}mv^2 - \frac{1}{2}mv_0^2 = W \tag{6.14}$$

である（図 6.9，図 6.10）．この関係を**仕事と運動エネルギーの関係**という．一定な力の作用による等加速度直線運動の場合の (6.14) 式の証明を**参考**に示す．力の大きさや力の向きが一定ではなく，また運動の道筋が直線ではなく曲線でも，ニュートンの運動の法則から仕事と運動エネルギーの関係 (6.14) を導くことができる．

道路の摩擦力が自動車に仕事をすると書いたが，実態は，消費されたガソリンの化学的エネルギーがエンジンのする仕事となり，それが見かけ上，摩擦力のする仕事と見なせ，自動車の運動エネルギーの増加分になるのである．摩擦力は媒介役を務めるのである．

ブレーキを踏んで自動車を減速させる場合にはどうなのだろうか．この場合，道路が自動車に作用する後ろ向きの摩擦力とは逆の向きに自動車が進んでいくので，摩擦力は自動車にマイナスの仕事をする（図 6.8 (c)）．したがって，その量だけ自動車の運動エネルギーが減少し，速さが遅くなる．減少した運動エネルギーは道路や車に発生する熱になる．つまり，自動車の運動エネルギーは熱になる．この場合にも (6.14) 式は成り立つ．

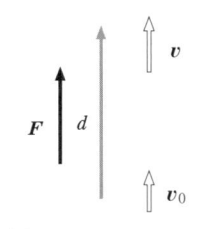

(a) アクセル：$W > 0$

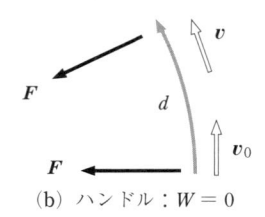

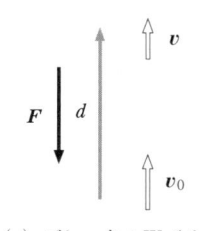

(b) ハンドル：$W = 0$

(c) ブレーキ：$W < 0$

図 6.8 摩擦力 $\boldsymbol{F}$ と自動車の運動

図 6.9 仕事をされると運動エネルギーは増加する．

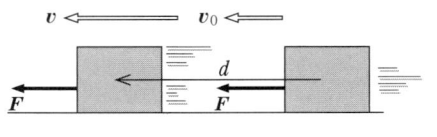

図 6.10 $\frac{1}{2}mv^2 - \frac{1}{2}mv_0^2 = W = Fd$

6.4 仕事と運動エネルギーの関係

参考 ひろがった物体に外力が行う仕事と重心運動のエネルギーの関係

質量 m の小さな物体に対する運動方程式 $m\boldsymbol{a} = \boldsymbol{F}$ から，
「外力が行う仕事」＝「外力の大きさ」
　　　　　　　　　×「外力の方向への移動距離」
　　　　　　　　＝「物体の運動エネルギー $mv^2/2$ の増加量」
であることがわかった．ひろがった物体の場合，運動方程式 $m\boldsymbol{a} = \boldsymbol{F}$ の $\boldsymbol{a}$ は重心の加速度である．したがって，
「ひろがった物体に作用する外力（のベクトル和）$\boldsymbol{F}$ の大きさ」
　　　　　　　　　×「外力 $\boldsymbol{F}$ の方向への重心の移動距離」
　　　　　　　　＝「物体の重心運動のエネルギー $mv_{重心}^2/2$ の増加量」
であることが導かれる．硬いひろがった物体（剛体）の運動は，重心の運動と重心のまわりの回転運動を合成した運動である*．

* 道路とタイヤの接触点でタイヤは移動していないので，道路がタイヤに作用する摩擦力は実際には仕事をしていないことに注意．

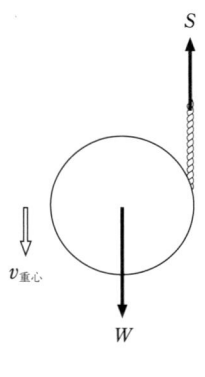

図 6.11

例 4 ヨーヨー（質量 m）の糸を軸に巻きつけ，糸の端を持ってヨーヨーを高さ h だけ落下させる場合，ヨーヨーには鉛直下向きの重力 $W = mg$ と鉛直上向きの糸の張力 S が働く（図 6.11）．したがって，ヨーヨーを落下させる力は，鉛直下向きの合力 $W - S$ である．ヨーヨーの重心の落下運動のエネルギー $mv_{重心}^2/2$ の増加量は合力 $W - S$ のする仕事である．糸を持たずにヨーヨーを落下させるときの $mv_{重心}^2/2$ の増加量は重力 W のする仕事 mgh なので，糸の端を持つとヨーヨーの重心の落下速度 $v_{重心}$ は遅くなる．ヨーヨーの重力による位置エネルギーの減少量 mgh の一部は，ひもの張力 S が引き起こすヨーヨーの重心のまわりの回転運動のエネルギーになり，残りがヨーヨーの重心の落下運動のエネルギーになる．

参考 (6.14) 式の証明

一定の力 F による加速度 $a\,(=F/m)$ の等加速度直線運動の場合には，時刻 t での速度 $v(t)$ と位置 $x(t)$ は

$$v(t) = at + v_0 \tag{1.18}$$

$$x(t) = x_0 + v_0 t + \frac{1}{2}at^2 \tag{1.20}$$

である．ここで，v_0 と x_0 は時刻 $t = 0$ での物体の速度 $v(0)$ と位置 $x(0)$ である．

(1.20) 式を

$$x(t) - x_0 = [2v_0 + at]t/2 = [v_0 + v(t)]t/2$$

と変形し，(1.18) 式から導かれる
$$t = [v(t)-v_0]/a$$
を代入すると，
$$x(t)-x_0 = [v(t)^2-v_0{}^2]/2a$$
となるので，速度 v_0 の物体が一定の加速度 a で $x-x_0$ だけ変位したあとの速度 v は関係
$$v^2-v_0{}^2 = 2a(x-x_0)$$
を満たすことがわかる．ここで v は $v(t)$ で，x は $x(t)$ である．この式の両辺を $m/2$ 倍し，力 $F (= ma)$ のする仕事が $W = Fd = F(x-x_0)$ であることを使えば，仕事と運動エネルギーの関係 (6.14) が導かれる．

参考 **力学的エネルギー保存の法則 (6.6) の証明**

鉛直下向きの重力 mg だけの作用を受けて，質量 m の物体が高さ h_0 のところから高さ h のところに距離 $h-h_0$ だけ移動する場合には，$W = -mg(h-h_0)$ なので (図 6.12)，これを (6.14) 式の右辺に代入し，移項すると，仕事と運動エネルギーの関係は，
$$\frac{1}{2}mv^2 + mgh = \frac{1}{2}mv_0{}^2 + mgh_0 = 一定 \qquad (6.15)$$
となる．この式は重力による位置エネルギーと運動エネルギーの和である力学的エネルギーが保存する（一定である）ことを示す．

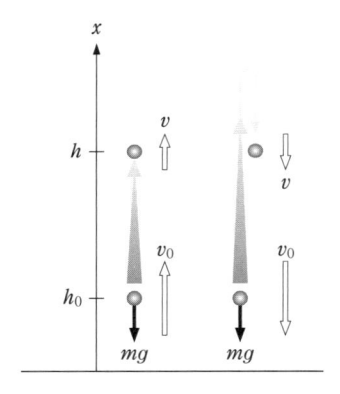

図 **6.12** $\frac{1}{2}mv^2 + mgh = 一定$

6.5 エネルギーの変換とエネルギーの保存

エネルギーにはいろいろなタイプのものがあって，他のタイプのエネルギーに変わっていく．そしてエネルギーの存在場所も移動していく．しかし，エネルギーという見方が有効なのは，エネルギーのタイプが変化しても，エネルギーの総量は変化しないという**エネルギー保存の法則**が存在するからである．

この法則は自然界のもっとも重要で深遠な法則であるばかりでなく，便利な法則でもある．たとえば，質量が 150 g のボールを初速 40 m/s (144 km/h) で真上に投げ上げると，ボールの最高点の高さは何 m になるだろうか．空気の抵抗が無視できれば，打ち上げたときの運動エネルギーが最高点では重力による位置エネルギーに変化する．したがって，エネルギー保存の法則によれば，初速 v_0 で打ち上げたときの運動エネルギー $mv_0{}^2/2$ は高さ H の最高点での重力による位置エネルギー mgH と同じ大きさで，

$$\frac{1}{2}mv_0{}^2 = mgH \tag{6.16}$$

[(6.15)式で $h_0 = 0$, $v = 0$, $h = H$ とおいた]．つまり，最高点の高さ H は

$$H = \frac{v_0{}^2}{2g} \tag{6.17}$$

である．$v_0 = 40\,\text{m/s}$, $g = 9.8\,\text{m/s}^2$ から，最高点の高さ H は
$$H = (40\,\text{m/s})^2/2(9.8\,\text{m/s}^2) = 82\,\text{m}$$
になる．

例 5 自転車に乗って高さ 5 m の丘の上からこがずに降りてくる場合には，(6.15) 式で $h_0 = H = 5\,\text{m}$, $v_0 = 0$, $h = 0$ とおくと，丘の下での速さ v は
$$v = \sqrt{2gH} = \sqrt{2(9.8\,\text{m/s}^2) \times 5\,\text{m}} = 10\,\text{m/s}$$
であることがわかる（図 6.13）．

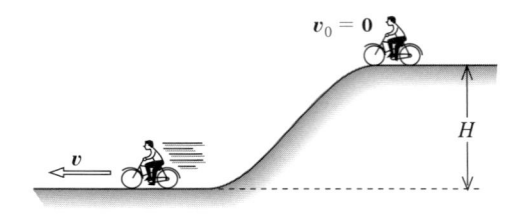

図 **6.13** 坂の下での速さ

走高跳びを考えよう．選手は助走して，踏み切り，跳び上がる．秒速約 10 m/s の助走時の運動エネルギーのすべてが重力による位置エネルギーに変換すれば，走高跳びの世界記録 H は，

$$H = \frac{v_0{}^2}{2g} = \frac{(10\,\text{m/s})^2}{2 \times 9.8\,\text{m/s}^2} = 5\,\text{m}$$

つまり，約 5 m になるはずだが，実際にはその半分以下である．つまり，人間は運動エネルギーを効率よく重力による位置エネルギーに変換できない．グラスファイバーや竹などの棒を使う棒高跳びでは，運動エネルギーの一部をしなった棒の弾性エネルギーを経由させて変換するので，変換効率が高くなり，高くまで跳べるようになる．しかし，人間の重心の高さ（約 1 m）＋約 5 m 以上の記録は期待できない．

一般に，どの 2 つのタイプのエネルギーも，直接あるいは間接に，変換し合うことが可能なはずである．たとえば，音のエネルギーと電気エネルギーはスピーカーとマイクロフォンでたがいに変換し合う．ただし，いろいろなタイプのエネルギーの間でのエネルギ

ー変換，とくに効率的なエネルギー変換には，道具と技術が必要である．発電機が発明されるまでは，人間は他のタイプのエネルギーを電気エネルギーには変換できなかった．

変換できても効率が悪い場合には熱が発生する．よく省エネルギーといわれるが，エネルギーは保存されるので，省エネルギーという言葉はおかしいのではないかという人がいる．省エネルギーとは無駄に熱になるような使用を減らそうという意味である．熱も他の形態のエネルギーに変換できるが，熱エネルギーのすべてを他の形態のエネルギーには変換できないという制約がある．

■ ガソリンの消費量とエンジンのパワー ■　前向きの摩擦力が自動車にする仕事は，実際にはガソリンの化学的エネルギーの消費によってまかなわれる．質量が1トン，つまり質量が1000 kgのある車種の自動車は，時速80 km（秒速22 m）の場合に，1リットル（L）のガソリンで17 km走行可能だとしよう．1 Lのガソリンの化学的エネルギーは3 300万Jである．このうちの約20%の660万Jが自動車を動かす仕事に使われたとしよう．「仕事」=「力」×「距離」で距離は17 km = 17 000 mなので，自動車に前向きに作用する摩擦力の大きさは

$$6\,600\,000 \text{ J} \div 17\,000 \text{ m} \approx 390 \text{ N}$$

である．2.4節で学んだように，1 Nは約0.1 kgfなので，390 Nは約39 kgfである．つまり，このとき自動車を前方に押している摩擦力は質量39 kgの物体に作用する重力の大きさに等しい．

時速80 kmの場合に，17 km行くのに765秒かかる．この間に自動車のエンジンが行った自動車を動かすための仕事は6 600 000 Jなので，このときのエンジンの仕事率（パワー）は

$$6\,600\,000 \text{ J} \div 765 \text{ s} = 8\,600 \text{ W}$$

つまり，8.6 kWである（仕事率=「行った仕事」/「仕事にかかった時間」である）．

6.6　万有引力による位置エネルギー*

■ 万有引力による位置エネルギー ■　距離 r でたがいに万有引力を作用し合っている2つの物体（質量 m, M）がある．一方を固定し，もう一方に外から力 $F(r) = GmM/r^2$ を及ぼして，2つの物体をゆっくり引き離して距離を無限大にする．このとき外力がする仕事は図6.14のアミの部分の面積に等しい（6.2節図6.7参照）．この面積を図に示した長方形の面積の和で近似すると，

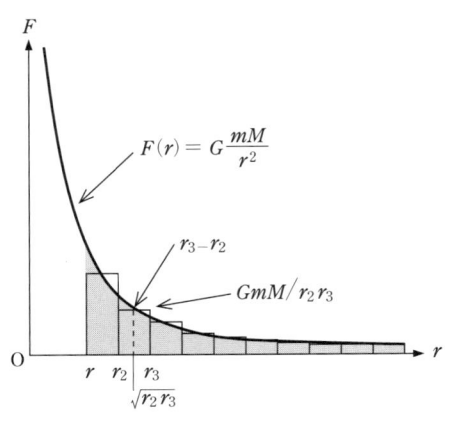

図 **6.14**　ゆっくり引き離すときに外力 $F(r) = G\dfrac{mM}{r^2}$ のする仕事

$$W = \int_r^\infty G\frac{mM}{r^2}\mathrm{d}r \fallingdotseq GmM\left[\frac{r_2-r_1}{r_1r_2}+\frac{r_3-r_2}{r_2r_3}+\cdots\right]$$
$$= GmM\left[\left(\frac{1}{r_1}-\frac{1}{r_2}\right)+\left(\frac{1}{r_2}-\frac{1}{r_3}\right)+\cdots\right]$$
$$= G\frac{mM}{r_1} = G\frac{mM}{r} \qquad (6.18)$$

となる ($r_1 = r$).

　熱や他の形のエネルギーが発生しない場合には，外力のする仕事は力学的エネルギーの増加量に等しい．物体をゆっくり動かす場合には，運動エネルギーは無視できるので，(6.18) 式の外力がした仕事 W は万有引力による位置エネルギーの増加量に等しい．そこで，無限に遠く離れている場合の2つの物体の万有引力による位置エネルギーを0とすると，距離 r の2物体（質量 m, M）の**万有引力による位置エネルギー** $U(r)$ は

$$U(r) = -G\frac{mM}{r} \qquad (6.19)$$

である．GmM/r^2 の原始関数は $-GmM/r$ であることを使うと，(6.18) 式は

$$\int_r^\infty G\frac{mM}{r^2}\mathrm{d}r = -G\frac{mM}{r}\bigg|_r^\infty = G\frac{mM}{r} \qquad (6.20)$$

と求められることを注意しておく．

　2つの物体がひろがりをもつが，それぞれの物体の質量分布が球対称な場合の万有引力による位置エネルギーは，(6.19) 式で r を2物体の中心の距離としたものである．

例題 4　脱出速度　ロケットを発射して，地球の重力圏から脱出させて，無限の遠方まで到達させたい．打ち上げる際のロケットの初速 v の最小値を求めよ．ロケットは1段ロケットで，地球の自転による効果は無視できるものとせよ．地球の半径は $R_\mathrm{E} = 6.37\times10^6$ m，質量は $M_\mathrm{E} = 5.97\times10^{24}$ kg とせよ．

解　地表 ($r = R_\mathrm{E}$) での質量 m の物体の万有引力による位置エネルギー $U(R_\mathrm{E})$ は，(6.19) 式と (2.24) 式から

$$U(R_\mathrm{E}) = -G\frac{M_\mathrm{E}m}{R_\mathrm{E}} = -mgR_\mathrm{E} \qquad (6.21)$$

である（図 6.15）．したがって，地表で質量 m のロケットを初速 v で打ち上げると，そのときのロケ

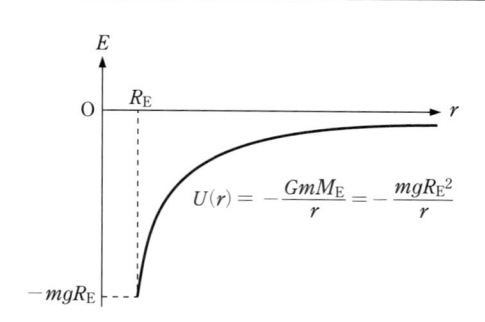

図 6.15　地球の万有引力による位置エネルギー
$$U(r) = -\frac{GmM_\mathrm{E}}{r}$$

ットの力学的エネルギーは

$$E = \frac{1}{2}mv^2 + U(R_\mathrm{E}) = \frac{1}{2}mv^2 - mgR_\mathrm{E} \qquad (6.22)$$

である．

このロケットが宇宙空間を運動する際には力学的エネルギーは保存されると考えられる．したがって，このロケットが，地球の作用する万有引力に打ち勝って，位置エネルギーが0の無限の遠方まで脱出できるための条件は，無限の遠方でのロケットの力学的エネルギーは運動エネルギー $(1/2)mv_\infty^2$ だけなので，ロケットの力学的エネルギーが正であることである（v_∞ は無限の遠方でのロケットの速さ）．

$$\therefore\ E = \frac{1}{2}mv^2 - mgR_E = \frac{1}{2}mv_\infty^2 \geq 0 \quad (6.23)$$

したがって，ロケットが，地球の重力に打ち勝って，地球の重力圏から脱出できるための最低速度（脱出速度）は，$mv^2/2 - mgR_E = 0$ から，

$$v = \sqrt{2gR_E} = \sqrt{2 \times (9.8\,\text{m/s}^2) \times (6.37 \times 10^6\,\text{m})}$$
$$= 1.12 \times 10^4\,\text{m/s} = 11.2\,\text{km/s} \quad (6.24)$$

なお，この脱出速度は，地表付近の円軌道をまわる人工衛星の速さ $\sqrt{gR_E}$〔(3.9)式〕の $\sqrt{2}$ 倍である．

❖ 第6章のキーワード ❖

仕事，ジュール（J），仕事率（パワー），ワット（W），仕事と運動エネルギーの関係，エネルギー，重力による位置エネルギー，運動エネルギー，熱，エネルギーの変換，エネルギー保存の法則，万有引力による位置エネルギー，脱出速度

演習問題 6

A

1. 重量挙げの選手が質量 $m = 80$ kg のバーベルを高さ 2.0 m までゆっくりと持ち上げるときに，選手がバーベルにする仕事は何ジュールか．

2. 体重が 50 kg の人間が階段を，1 秒あたり高さ 2 m の割合で駆け上がっている．この人間が自分に対して行う仕事の仕事率を求めよ．

3. 質量 1 t の鋼材を 1 分間あたり 10 m 引き上げたい場合，クレーンのモーターは，滑車その他の摩擦による損失がないとすれば，出力は何 W 以上あればよいか．

4. 群馬県にある須田貝発電所では，毎秒 65 m³ の水量が有効落差 77 m を落ちて，発電機の水車を回転させ，46000 kW の電力を発電する．この発電所では，水の位置エネルギーの何％が電気エネルギーになるか．

5. 40 kg の人間が 3000 m の高さの山に登る．

（1）この人間のする仕事はいくらか．

（2）1 kg の脂肪はおよそ 3.8×10^7 J のエネルギーを供給するが，この人間が 20％ の効率で脂肪のエネルギーを仕事に変えるとすると，この登山でどれだけ脂肪を減らせるか．

B

1. 乗る人も含めて質量 75 kg の自転車が，傾斜角 5° の直線道路を 10.8 km/h の速さで 2 分間上がった場合，上がった高さ h を求め，この高さに上がるのに必要なパワー（仕事率）を求めよ．$\sin 5° = 0.087$ とせよ．

2. 速球投手が投げたボールをバッターが同じ速さで打ち返すときに，運動エネルギーは変化しない．このときバッターがボールにする仕事はいくらか．

3. 天体の表面からの重力圏の脱出速度 v が真空中の光速 c に等しいときの，天体の質量 M と半径 R の満たす関係を導け．

7 運動量と力積

高い台の上から飛び降りるとき,ひざを曲げながら着地すると,身体への衝撃は減少する.ガラスのコップをコンクリートの床の上に落とすと割れるが,たたみの上に落としたのでは割れない.頭部へのデッドボールによる危険を減らすために,野球のバッターはヘルメットをかぶる.自動車の衝突事故での被害を減らすために,シートベルトやエアバッグが使用されている.これらはすべて力の作用する時間を長くして,作用する力を弱めるためである.なぜだろうか.

この章では,力学で重要な考え方のひとつである,運動量と力積について学ぶ.これは衝突の問題を考えるときに,きわめて有効である.

7.1 運動量と力積

▌ 衝突の衝撃は衝突時間に反比例する ▐　野球でキャッチャーがピッチャーの投げたボールを受けるときには,てのひらへの衝撃を弱めるために,厚いミットをはめ,手を後ろに引きながら捕球する(図 7.1).ボールの捕球は,ボールの速度を変化させること,つまり,加速度を生じさせることである.したがって,ボールには運動の第 2 法則によって,次のような力,

$$ 力 = 質量 \times \frac{速度の変化}{力の作用時間} \qquad F = m\frac{\Delta v}{\Delta t} \qquad (7.1) $$

が作用する.この式から,手がボールに及ぼす力の大きさ,したがって,作用反作用の法則によって,手がボールから受ける力の大きさ F は,力が作用する時間 Δt が短いほど大きく,時間 Δt が長ければ小さいことがわかる.また,手の受ける衝撃は,ボールの質量に比例し,ボールの速さ(この場合は $|\Delta v| = v$)にも比例することが,(7.1) 式からわかる.

図 7.1　捕球の間に働く力は捕球時間が短いほど大きい.

▌ 運動量 ▐　17 世紀前半に活躍したフランスのデカルトは,1644 年に刊行された著書「哲学の諸原理」の中で,物体の運動の

勢いを表す量として，「質量 m」×「速度 v」という量を導入した．この運動方向を向いているベクトル量 $\boldsymbol{p} = m\boldsymbol{v}$ を**運動量**とよぶ．つまり，

$$\boxed{\text{「運動量」} = \text{「質量」} \times \text{「速度」}} \quad \boldsymbol{p} = m\boldsymbol{v} \quad (7.2)$$

である．運動量の国際単位は kg·m/s である．この単位には特別の名はついていない．

多くの場合，物体の質量は一定なので，ある時間での
「運動量の変化」＝「質量」×「速度の変化」 $\quad \Delta \boldsymbol{p} = m\Delta \boldsymbol{v} \quad (7.3)$
である．(7.3)式の両辺を「力の作用時間 Δt」で割ると，次の関係が得られる．

$$\boxed{\begin{aligned}\frac{\text{運動量の変化}}{\text{力の作用時間}} &= \text{質量} \times \frac{\text{速度の変化}}{\text{力の作用時間}} \\ &= \text{質量} \times \text{平均加速度} = \text{平均の力}\end{aligned}} \quad (7.4)$$

最後の等式ではニュートンの運動の第2法則を使った．

微小な時間に対する(7.4)式は

$$\frac{\mathrm{d}\boldsymbol{p}}{\mathrm{d}t} = \boldsymbol{F} \quad (7.5)$$

となる．つまり，

「運動量の時間変化率は，その物体に作用する力に等しい」．

(7.5)式は運動の第2法則の新しい表現である．相対性理論によると，物体が光速に近い速さで運動する場合には，物体の質量は増加する．この場合の正しい運動方程式は $m\boldsymbol{a} = \boldsymbol{F}$ ではなく，(7.5)式である．

例題1 質量 1000 kg の自動車が時速 72 km ($v = 20$ m/s) で壁に正面衝突して，大破して速さ $v' = 3.0$ m/s で跳ね返された(図7.2)．衝突時間を 0.10 秒とする．自動車に 0.10 秒間作用した外力の時間平均 $\langle F \rangle$ を求めよ．

解 自動車の運動量変化 Δp は
衝突直前 $\quad p = mv = (1000\,\text{kg})(-20\,\text{m/s})$
$\qquad\qquad\quad = -2.0 \times 10^4\,\text{kg·m/s}$
衝突直後 $\quad p' = mv' = (1000\,\text{kg})(3.0\,\text{m/s})$
$\qquad\qquad\quad = 3.0 \times 10^3\,\text{kg·m/s}$
から
$\Delta p = p' - p$
$\quad = [0.3 \times 10^4 - (-2.0 \times 10^4)]\,\text{kg·m/s}$
$\quad = 2.3 \times 10^4\,\text{kg·m/s}$
したがって，外力の時間平均 $\langle F \rangle$ は

$$\langle F \rangle = \frac{\Delta p}{\Delta t} = \frac{2.3 \times 10^4\,\text{kg·m/s}}{0.1\,\text{s}} = 2.3 \times 10^5\,\text{N}$$

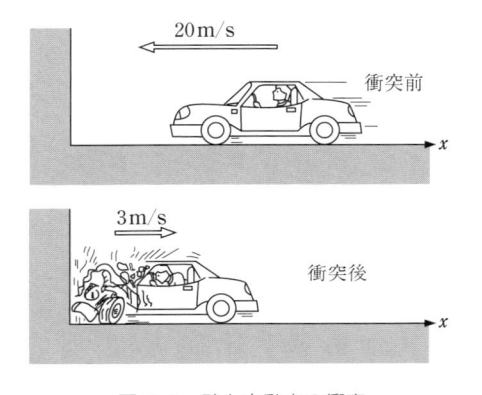

図 7.2 壁と自動車の衝突

■ 力 積 ■ 物体に対する力の効果を表す量として，デカルトは力の時間的効果を表す量の**力積**を導入した．デカルトは力積を「力の衝撃」とよんだが，力積の英語のインパルスは衝撃という意味である．力積 J は「力 F」と「力の作用時間 T」の積，つまり，

$$\boxed{\text{「力積」}=\text{「力」}\times\text{「力の作用時間」}}$$
$$J = FT \quad (\text{力 } F \text{ が一定な場合}) \tag{7.6a}$$

で定義され，力と同じ向きをもつベクトルである（図 7.3 (a)）．力 F が一定でなく，時間とともに変化する場合には，力積 J は平均の力 $\langle F \rangle$ を使って，

$$J = \langle F \rangle T \quad (\text{力 } F \text{ が時間とともに変化する場合}) \tag{7.6b}$$

と定義される．(7.4)式に「力の作用時間」をかけて，(7.6)式を使うと，

$$\boxed{\text{「運動量の変化」}=\text{「平均の力」}\times\text{「力の作用時間」}=\text{「力積」}} \tag{7.7}$$

という**運動量の変化と力積の関係**が得られる．力積の単位は運動量の単位と共通である．

時刻 t での運動量が p の物体に時刻 t から時刻 t' までの時間 $T = (t'-t)$ に力積 J が働いて，時刻 t' での運動量が p' になったとすると，運動量の変化と力積の関係 (7.7)式は

$$p'-p = J = FT \quad (\text{力 } F \text{ が一定な場合}) \tag{7.8a}$$
$$= J = \langle F \rangle T \quad (\text{力 } F \text{ が時間とともに変化する場合}) \tag{7.8b}$$

と表される．関係 (7.8a) は 2.2 節で導いた (2.16)式と同じものである．力 F が時間とともに変化するが，力 F の向きが変化しない場合には，図 7.3 (b) のアミのかかった山の面積が力積の大きさ J である．

力積が同じなら，運動量の変化も同じである．シートベルトやエアバッグは，身体に加わる力の作用時間を長くすることによって，加わる力の大きさを弱める装置である．

スポーツでも運動量の変化と力積の関係は利用されている．野球でバッターがボールを遠くに飛ばすためにも，投手が速いボールを投げるためにも，なるべく長い間ボールに強い力を加えつづける必要がある．これがフォロースルーである．

これに対して，ボールに力を作用するときの，作用距離の効果を表す量が，6.1 節で紹介した，力がする仕事である．力積は運動量の変化をもたらすが，仕事は運動エネルギーの変化をもたらす．テニスのボールを壁に打ちつけると，ボールは跳ね返ってくる．エネルギー保存の視点で考えると，跳ね返ったボールの速さは衝突する

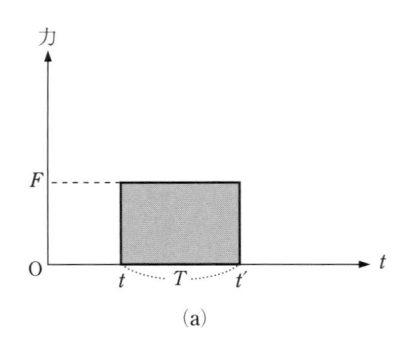

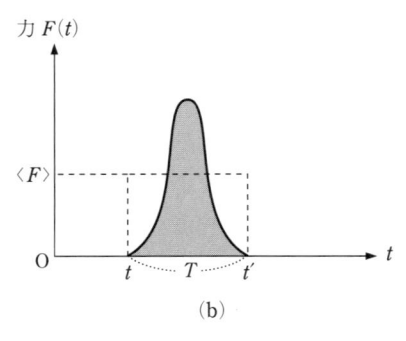

図 7.3 力積．アミの部分の面積が力積 J の大きさ J である．(a) 力が一定な場合：$J = FT$．(b) 力の大きさは変化するが力の向きは変化しない場合：$J = \langle F \rangle T$

前の速さより速くなるはずはない．もし速くなれば，どこかにエネルギーの供給源があるはずである．

7.2 運動量保存の法則と衝突

■ 運動量保存の法則 ■ 　質量 m_A, m_B の2つの物体 A, B がたがいに力（内力）$\boldsymbol{F}_{A \leftarrow B}$, $\boldsymbol{F}_{B \leftarrow A}$ を及ぼし合っており，他の物体からの力（外力）は無視できるとすると（図 7.4），2つの物体に対する運動量の変化と力積の関係 (7.8 b) は

$$\boldsymbol{p}_A' - \boldsymbol{p}_A = \langle \boldsymbol{F}_{A \leftarrow B} \rangle T \quad \boldsymbol{p}_B' - \boldsymbol{p}_B = \langle \boldsymbol{F}_{B \leftarrow A} \rangle T \quad (7.9)$$

である．(7.9) の2つの式の右辺どうしと左辺どうしを加え合わせ，作用反作用の法則 $\boldsymbol{F}_{A \leftarrow B} + \boldsymbol{F}_{B \leftarrow A} = 0$ を使うと，

$$\boldsymbol{p}_A' - \boldsymbol{p}_A + \boldsymbol{p}_B' - \boldsymbol{p}_B = 0 \quad (7.10)$$

が得られる．時刻 t での物体 A, B の速度を $\boldsymbol{v}_A, \boldsymbol{v}_B$，時刻 t' での速度を $\boldsymbol{v}_A', \boldsymbol{v}_B'$ とすると，(7.10) 式で $\boldsymbol{p}_A, \boldsymbol{p}_B$ を右辺に移項した，$\boldsymbol{p}_A' + \boldsymbol{p}_B' = \boldsymbol{p}_A + \boldsymbol{p}_B$, は

$$m_A \boldsymbol{v}_A' + m_B \boldsymbol{v}_B' = m_A \boldsymbol{v}_A + m_B \boldsymbol{v}_B \quad (7.11)$$

となる．この式は

「たがいに力を作用し合うが，他からは力が作用しない2個の物体の運動量の和（全運動量）は時間が経過しても変化しない」

ことを意味する（図 7.5）．たとえば，物体 A の運動量が減少すれば，それと同じ量だけ物体 B の運動量が増加する．これを**運動量保存の法則**という．

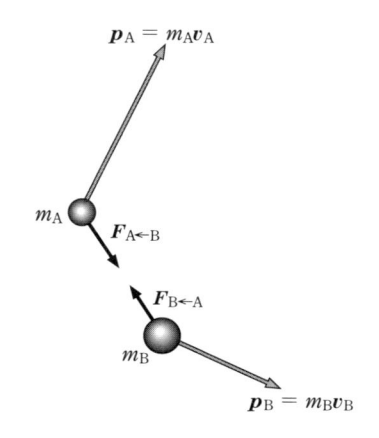

図 7.4 内力だけの作用を受けている2つの物体

衝突直前：時刻 t　　衝突直後：時刻 t'

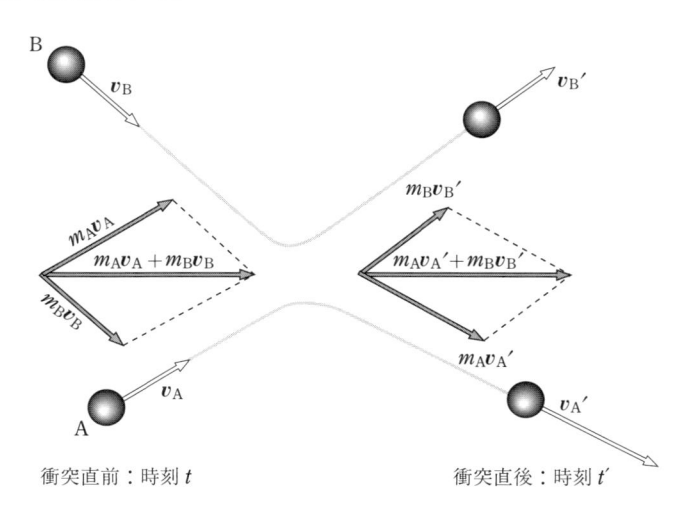

図 7.5 2つの物体が衝突する場合の運動量の保存

3個以上の物体の集団の場合でも，力がこれらの物体の間に働く内力に限られていて，集団の外部から外力が働かない場合には，やはり運動量の和の全運動量 $\boldsymbol{P}$

$$P = m_1v_1 + m_2v_2 + m_3v_3 + \cdots \quad (7.12)$$

は時間が経過しても変化しない．これも**運動量保存の法則**とよぶ．

運動量保存の法則がきわめて有効なのは，2つの物体が衝突する場合である．衝突する物体の間に働く力（内力）はきわめて複雑である．力の知識なしに，衝突物体の運動方程式を解いて衝突物体の運動を求めることはできない．

地球上ではすべての物体に重力が作用しているので，作用している外力の和が0の場合は少ない．しかし，衝突現象のように，きわめて短い時間に2物体間に大きな力が働く場合には，外力の力積は内力の力積に比べて無視できる．このようなとき，2つの物体A，Bの衝突直前（時刻 t ）の全運動量と衝突直後（時刻 t' ）の全運動量が等しいという運動量保存の法則は有効である．

■ **弾性衝突** ■ 堅い木の球どうしの衝突では球はへこまず，熱，音，振動などの発生は無視できる．エネルギー保存の法則によって，このような場合には衝突の直前と直後で運動エネルギーが変化せず，保存する．すなわち

$$\frac{1}{2}m_A v_A^2 + \frac{1}{2}m_B v_B^2 = \frac{1}{2}m_A v_A'^2 + \frac{1}{2}m_B v_B'^2 \quad \text{（弾性衝突）} \quad (7.13)$$

が成り立つ．運動エネルギーが保存する衝突を弾性衝突という．弾性衝突では運動量と運動エネルギーの両方が保存する．

例1 衝突の研究は17世紀に物理学者の関心を大いに集めた．たとえば，1666年にロンドンの王立協会では次のような実験が行われた．同じ大きさの2つの堅い木の球を，同じ長さの糸で図7.6のように吊る．球Aを高さ h だけ持ち上げて静かに手を離すと，球Aは静止していたもう1つの球Bに衝突する．すると，今度は球Aはほとんど静止し，球Bが動きだしてほぼ同じ高さ h まで上昇する．この実験は会員の関心を集めたが，ホイヘンスによって，この運動は運動量保存の法則とエネルギー保存の法則が成り立つとすれば説明がつくことが示された．球の質量を m ，衝突直前の球Aの速度を v_A ，衝突直後の球A, Bの速度を v_A', v_B' とすると，

運動量保存則 $mv_A = mv_A' + mv_B' \quad (7.14)$

エネルギー保存則 $\frac{1}{2}mv_A^2 = \frac{1}{2}mv_A'^2 + \frac{1}{2}mv_B'^2 \quad (7.15)$

が成り立つ．(7.14)式から得られる $v_A' = v_A - v_B'$ を(7.15)式

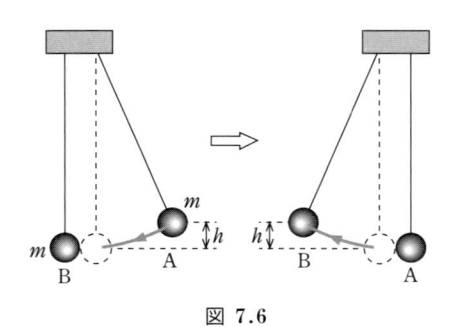

図 7.6

に代入すると，
$$(v_A - v_B')^2 + v_B'^2 - v_A^2 = 2v_B'^2 - 2v_A v_B' = 0$$
$$\therefore \quad v_B'(v_B' - v_A) = 0$$

が得られる．$v_B' = 0$，$v_A' = v_A$ という解は，$v_B' > v_A'$ という条件に矛盾する物理的に不可能な解なので，

$$v_B' = v_A, \quad v_A' = 0 \tag{7.16}$$

が導かれる．$v_A' = 0$ なので，衝突後に球 A は静止することが導かれる．$v_B' = v_A$ と力学的エネルギー保存の法則から球 B が高さ h まで上昇することが説明される．

静止している物体 B に同じ質量の物体 A が正面衝突すると，物体 A は静止するという (7.16) 式の結果は，原子炉で中性子の減速に利用されている．中性子を静止させるには，中性子とほぼ同じ質量をもつ陽子（水素原子核）を多く含む物質に中性子を入射させればよい．

問1 10 円玉を図 7.7 のように並べて，下の 10 円玉を矢印の方向に弾いてぶつけるとどうなるか．実験してみて，その結果を物理的に解釈せよ．

問2 図 7.8 に示すおもちゃの次のような運動を説明せよ．このおもちゃは細い鉄線で吊るされた鋼鉄の球でできている．
  (1) 左端の球を 1 個斜めに持ち上げて手を離すと，衝突後に右端の球が振り上がる．
  (2) 左端の球を 2 個斜めに持ち上げて手を離すと，衝突後に右端の球が 2 個振り上がる．

■ **非弾性衝突** ■　衝突で熱が発生したり変形したりして，運動エネルギーが減少する場合を非弾性衝突という．つまり，非弾性衝突は，全運動量は保存するが，全運動エネルギーは保存しない衝突である．

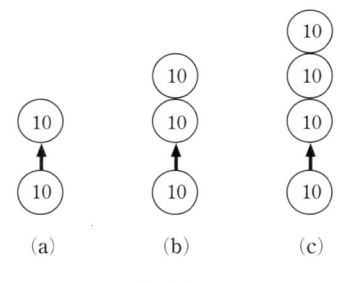

図 7.7

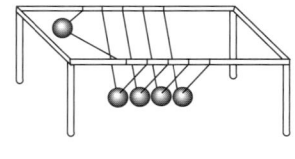

図 7.8

―― ❖ 第 7 章のキーワード ❖ ――
運動量，力積，運動量の変化と力積の関係，運動量保存の法則，弾性衝突，非弾性衝突

演習問題 7

A

1. 投手の投げた時速 144 km（= 40 m/s）の野球のボール（質量 0.15 kg）をバッターが水平に打ち返した．打球の速さも 40 m/s であった．ボールとバットの接触時間を 0.10 s とすると，バットがボールに作用した力の大きさの平均はいくらか．

2. 空手の瓦割りの物理的説明をせよ．

3. **完全非弾性衝突** 速度 v_A，質量 m_A の物体 A が速度 v_B，質量 m_B の物体 B に衝突して付着した．付着した物体の衝突直後の速度 v' を求めよ．このような付着する衝突を完全非弾性衝突という（図1）．

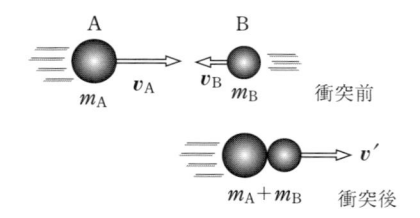

図 1 完全非弾性衝突．v_A と v_B は同一直線上になくてもよい．

4. 木の枝に質量 $M = 1$ kg の木片が軽いひもでぶら下げられている．質量 $m = 30$ g の矢が速さ $V = 30$ m/s で水平に飛んできて木片に刺さった（図2）．
   (1) その直後の木片と矢の速度 v を計算せよ．
   (2) 矢の刺さった木片は枝を中心とする円弧上を運動する．最高点の高さ h を求めよ．

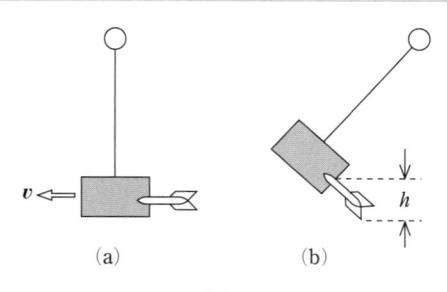

図 2

B

1. **一直線上の弾性衝突** 静止している質量 m_B の球 B に質量 m_A の球 A が速度 v_A で正面から弾性衝突する場合，衝突直後の球 A, B の速度 v_A', v_B' は

$$v_A' = \frac{m_A - m_B}{m_A + m_B} v_A \qquad v_B' = \frac{2 m_A}{m_A + m_B} v_A$$

であることを運動量保存の法則と運動エネルギー保存の法則から導け（図3）．

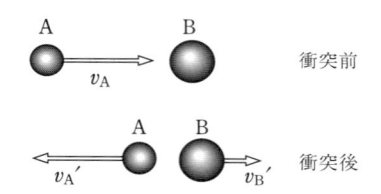

図 3 一直線上の弾性衝突（$m_A < m_B$ の場合）

剛体のつり合い 8

　これまでは力と運動について学んできた．日常生活では，身のまわりの物体が静止しつづけることが望ましい場合が多い．はしごを登っている間にはしごが動きはじめたら危険である．この章では，いくつかの力が作用している剛体（硬い物体）が静止しつづけるために，これらの力が満たさねばならない条件である**力のつり合い条件**を求め，力のつり合いの具体例を学ぶ．

8.1 剛体と重心

　現実の物体に力を加えると変形する．物体には鉄や石のように硬い物体もあれば，ゴムのように軟らかい物体もある．硬い物体とは，力を加えた場合に変形がごくわずかな物体である．外から力を加えたときに変形が無視できる硬い物体を考えて，これを**剛体**とよぶ．

　剛体のつり合いを考える際に，**重心**が重要な役割を演じる．重心とは，その点を支えると重力によってその物体が動き始めないような点である．剛体のつり合いや運動を考える際には，剛体の各部分に作用する重力の合力が重心に作用すると考えてよい．この性質を使うと，重心Gの位置が図8.1のようにして求められる．重心については第10章で詳しく説明する．

8.2 力のモーメント（トルク）

　シーソーで遊んだり，てこで重い物を持ち上げた経験から，物体に作用する力が物体を支点（回転軸）Oのまわりに回転させようとする能力は，

　　「力の大きさ F」×「支点Oから力の作用線までの距離 L」

であることはよく知られている（図8.2）．この

$$N = FL \tag{8.1}$$

を点Oのまわりの力 $\boldsymbol{F}$ の**モーメント**あるいは**トルク**とよぶ．ここで，回転軸Oの方向と力 $\boldsymbol{F}$ は垂直だとする．

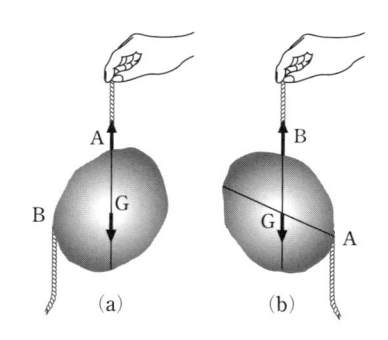

図 8.1　剛体の各部分に作用する重力の合力は重心Gに作用するので，図のように剛体を吊るして静止させると，重心Gは糸の支点の真下にある．

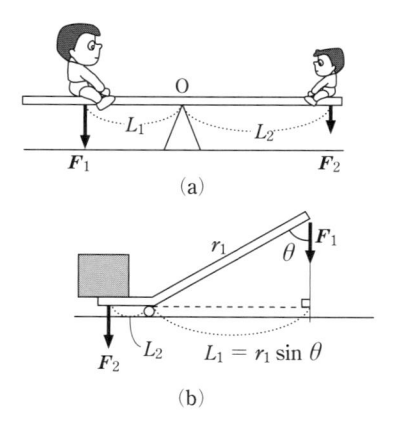

図 8.2　(a) $F_1 L_1 = F_2 L_2$ ならシーソーはつり合う．(b) $F_1 L_1 (= F_1 r_1 \sin\theta) > F_2 L_2$ なら荷物を持ち上げられる．

図 8.3 のように角 ϕ を定義すると，力の作用点 P の円運動の接線方向への力 $\bm{F}$ の成分は $F_\mathrm{t} = F\sin\phi$ と表せる．回転軸から力の作用線までの距離 L は $L = r\sin\phi$ と表されるので，力 $\bm{F}$ のモーメント (8.1) は

$$N = Fr\sin\phi = rF_\mathrm{t} \tag{8.2}$$

と表される (図 8.3)．力のモーメントの単位は N·m である．

力のモーメント $N = FL$ には正負の符号があり，力 $\bm{F}$ が物体を回転軸 O のまわりに時計の針のまわる向きと逆向きに回転させようとする場合には正 ($N = FL$)，時計の針のまわる向きに回転させようとする場合には負 ($N = -FL$) と定義する (図 8.4)．

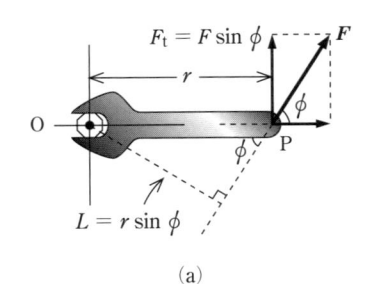

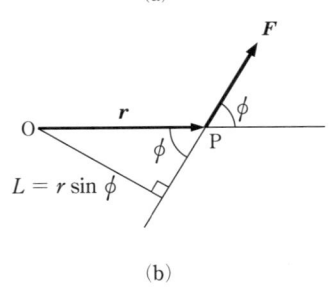

例 1 図 8.5 の物体に働く外力 $\bm{F}_1, \bm{F}_2$ の点 O のまわりのモーメント N は

$$\begin{aligned}N &= -F_1 L_1 + F_2 L_2 \\ &= -3\,\mathrm{N} \times 1\,\mathrm{m} + 4\,\mathrm{N} \times 0.5\,\mathrm{m} = -1.0\,\mathrm{N\cdot m}\end{aligned}$$

なので，外力は全体として，物体を時計の針のまわる向きに回転させようとする向きに働く．

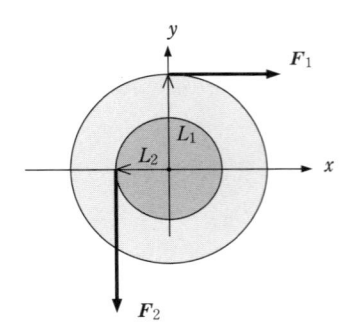

図 8.3 力のモーメント $N = FL$

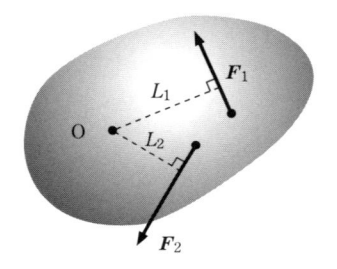

図 8.4 $N = F_1 L_1 - F_2 L_2$

図 8.5 $F_1 = 3\,\mathrm{N},\ L_1 = 1\,\mathrm{m},\ F_2 = 4\,\mathrm{N},\ L_2 = 0.5\,\mathrm{m}$

例 2 力 $\bm{F}$ が点 (x, y) に作用している場合，力 $\bm{F}$ を x 方向と y 方向の分力に $\bm{F} = \bm{F}_x + \bm{F}_y$ と分解すると，原点 O のまわりの力 $\bm{F}$ のモーメント N は，分力 $\bm{F}_x$ のモーメント $-yF_x$ と分力 $\bm{F}_y$ のモーメント xF_y の和

$$N = xF_y - yF_x \tag{8.3}$$

であることがわかる (図 8.6)．

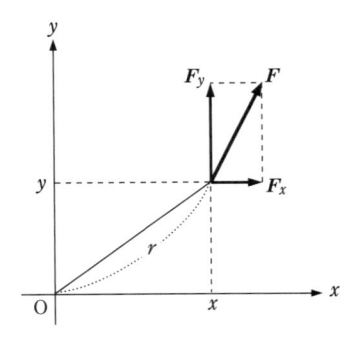

図 8.6 力 $\bm{F}$ の原点 O のまわりのモーメント N
$N = xF_y - yF_x$

8.3 剛体に作用する力のつり合い条件

いくつかの力が作用している剛体が静止しつづけている場合，これらの力はつり合っているという．

剛体に作用する力 $\bm{F}_1, \bm{F}_2, \cdots$ がつり合うための条件を求めよう．

簡単のために，剛体に作用するすべての外力の作用線は一平面上にあるものとし，この平面を xy 平面とする．

剛体に作用する外力 $\boldsymbol{F}_1, \boldsymbol{F}_2, \cdots$ のつり合い条件は2つある．第1の条件は，外力のベクトル和 $\boldsymbol{F} = \boldsymbol{F}_1 + \boldsymbol{F}_2 + \cdots$ が $\boldsymbol{0}$ という条件：
$$\boldsymbol{F}_1 + \boldsymbol{F}_2 + \cdots = \boldsymbol{0} \tag{8.4}$$
である．この条件を成分で表すと，
$$F_{1x} + F_{2x} + \cdots = 0 \qquad F_{1y} + F_{2y} + \cdots = 0 \tag{8.4′}$$
となる．これは剛体の重心の加速度 $\boldsymbol{A} = (\boldsymbol{F}_1 + \boldsymbol{F}_2 + \cdots)/M = \boldsymbol{0}$ という条件である（10.1節参照．これからは剛体の重心の加速度を $\boldsymbol{A}$ と記すことにする）．条件 (8.4) が満たされていれば，静止していた剛体の重心が動きはじめることはない．もし $\boldsymbol{F} \neq \boldsymbol{0}$ であれば，剛体の重心は加速度 $\boldsymbol{A} = \boldsymbol{F}/M$ で加速される．

第2の条件は，1つの点Pのまわりの外力のモーメントの和 $N = N_1 + N_2 + \cdots$ が0という条件：
$$N = [\boldsymbol{F}_1 \text{のモーメント}] + [\boldsymbol{F}_2 \text{のモーメント}] + \cdots = 0 \tag{8.5}$$
である．これは点Pのまわりの回転の角加速度 α が0という条件である（9.3節参照）．条件 (8.5) が満たされていれば，静止していた剛体が点Pのまわりに回転しはじめることはない．

静止している剛体の重心が静止しつづけ，1つの点Pのまわりに剛体が回転しはじめなければ，剛体は静止しつづける．したがって，2つの条件 (8.4) 式と (8.5) 式が剛体に作用する力がつり合うための条件である．

点Pとして原点Oを選ぶと便利な場合がある．外力 $\boldsymbol{F}_1, \boldsymbol{F}_2, \cdots$ を x 方向と y 方向の分力に $\boldsymbol{F}_1 = \boldsymbol{F}_{1x} + \boldsymbol{F}_{1y}$，$\boldsymbol{F}_2 = \boldsymbol{F}_{2x} + \boldsymbol{F}_{2y}$，$\cdots$ と分解すると，原点Oのまわりの外力のモーメントの和 $N = N_1 + N_2 + \cdots = 0$ という条件は，8.2節の例2の結果を使うと，
$$(x_1 F_{1y} - y_1 F_{1x}) + (x_2 F_{2y} - y_2 F_{2x}) + \cdots = 0 \tag{8.5′}$$
となる．ただし，(x_1, y_1)，(x_2, y_2)，$\cdots$ は外力 $\boldsymbol{F}_1 = (F_{1x}, F_{1y})$，$\boldsymbol{F}_2 = (F_{2x}, F_{2y})$，$\cdots$ の作用点である．

8.4　剛体のつり合いの問題の解き方

（1）図を描き，(8.4) 式，(8.5) 式を適用する剛体を描く．

（2）剛体に作用するすべての外力のベクトルを作用点と作用線が正しくなるように記入する．重力の作用点は重心になるように記入する．

（3）(8.5′) 式を使う場合は，x 軸と y 軸を記入する．未知の力の方向が座標軸の方向になるように選ぶ．

（4）力のつり合いの式 (8.4) を書く．

(5) ある1つの点を選び，その点のまわりの(8.5)式を書く．未知の力の作用点をこの点として選ぶのが便利である．(8.5′)式を使う場合には，この点を原点とする．

(6) (8.4), (8.5)式を解く．

例 3 図 8.7 のように，斜面の上に角柱が静止している．この角柱には垂直抗力 N，摩擦力 F および重心 G を通る重力 W が作用している．垂直抗力は角柱の底面全体に作用するが，その合力を N としている．重力の作用線と斜面の交点を A とする．角柱が点 A のまわりに回転しない条件から，垂直抗力 N の作用線は点 A を通ることがわかる．したがって，この角柱が倒れない条件は，点 A が角柱と斜面の接触面の中にあることである． ▰

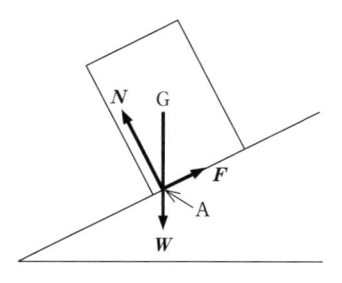

図 8.7

例 4 図 8.8 のように，重さ 50 kgf の物体を水平な軽い棒で 2 人の人間 A, B が支えるとき，2 人の肩が棒を支える力 F_A, F_B を，棒に作用する 3 つの力 F_A, F_B と重力 $W = 50$ kgf のつり合いの条件から求めよう．鉛直方向の力のつり合いの式は，

$$F_A + F_B - W = 0 \quad \therefore \quad F_A + F_B = W = 50 \text{ kgf} \quad (8.6)$$

点 C のまわりの力のモーメントのつり合いの式は，符号まで考慮すると，

$$-F_A \times 60 \text{ cm} + F_B \times 40 \text{ cm} = 0 \quad \therefore \quad 3F_A = 2F_B \quad (8.7)$$

となるので，2 つの条件から

$$F_A = \frac{2}{5}W = 20 \text{ kgf}, \qquad F_B = \frac{3}{5}W = 30 \text{ kgf} \quad (8.8)$$

が導かれる．なお，棒が水平でなくても (8.8) 式の結果は変わらない． ▰

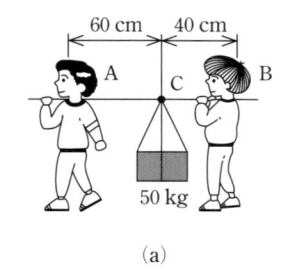

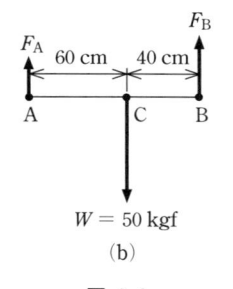

図 8.8

例題 1 図 8.9(a) の飛び込み台の長さ 4.5 m の板の端に質量が 50 kg の選手が立っている．1.5 m 間隔の 2 本の支柱に働く力 F_1, F_2 を求めよ．

解 図 8.9(b) のように力 F_1 を下向き，力 F_2 を上向きにすると，鉛直方向の力のつり合いから

$$F_2 - F_1 = W = 50 \times 9.8 \text{ N} = 490 \text{ N}$$

点 O のまわりの力のモーメントの和 $N = 0$ という条件から

$$1.5 F_2 - 4.5 W = 0$$
$$\therefore \quad F_2 = 3W = 1470 \text{ N},$$
$$F_1 = F_2 - W = 2W = 980 \text{ N}$$

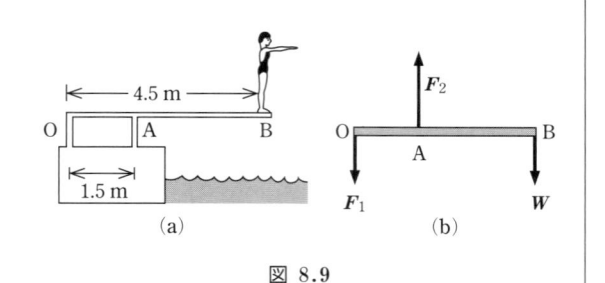

図 8.9

例題 2 図 8.10 のように手のひらに 5 kg の物体をのせるとき，二頭筋の作用する力 F の大きさを求めよ．腕の質量は無視せよ．$L = 32$ cm, $d = 4$

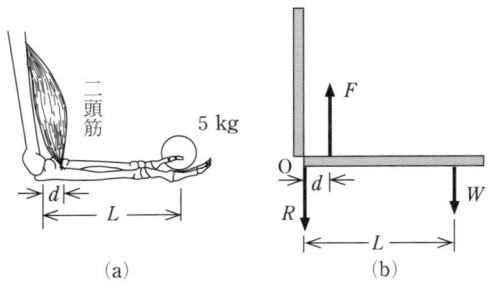

図 8.10

cm とせよ．

解 ひじのまわりのモーメントが 0 という条件から
$$Fd - WL = 0 \quad \therefore \quad 4F = 32W$$
$$\therefore \quad F = 8W = 40 \text{ kgf}$$

例題 3 長さが $L = 4$ m のはしごが壁に立てかけてある（図 8.11）．壁とはしごの上端の間の摩擦は無視でき，床とはしごの下端の間の静止摩擦係数を $\mu = 0.40$ とする．はしごの質量は 20 kg で，重心 G ははしごの中央にある．はしごと床の角度 $\theta = 60°$ のとき，このはしごに体重 60 kg の人が登りはじめた．この人ははしごの上端まで到達できるだろうか．

解 はしごと人間の受ける重力を W_1, W_2 とすると，$W_2 = 3W_1$ である．人間がはしごの下端から距離 x のところにいる場合，図 8.11 を参考にすると，つり合い条件 (8.4) は
$$W_1 + W_2 = N_1$$
$$\therefore \quad 4W_1 = N_1 \quad \text{（鉛直方向）} \quad (8.9)$$

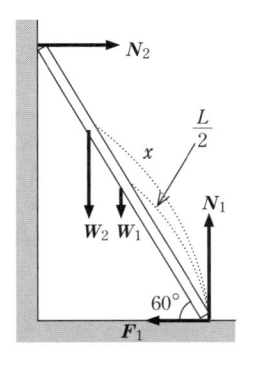

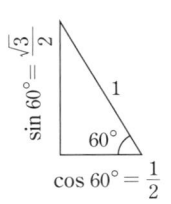

図 8.11

$$N_2 = F_1 \quad \text{（水平方向）} \quad (8.10)$$

はしごの下端のまわりでのつり合い条件 (8.5) は
$$W_1 \frac{1}{2} L \cos 60° + W_2 x \cos 60° - N_2 L \sin 60° = 0 \quad (8.11)$$

となる．$\sin 60° = \sqrt{3}/2$, $\cos 60° = 1/2$ なので，この式は
$$\frac{1}{16} N_1 L + \frac{3}{8} N_1 x - \frac{\sqrt{3}}{2} F_1 L = 0$$
$$\therefore \quad \frac{F_1}{N_1} = \frac{1}{8\sqrt{3}\, L}(L + 6x)$$

静止摩擦係数 $\mu = 0.40$ なので，$F_1/N_1 \leq \mu = 0.40$．したがって $(L+6x)/8\sqrt{3}\, L \leq 0.40$,
$$L + 6x \leq 5.54 L \quad \therefore \quad x \leq 0.76 L \quad (8.12)$$

したがって，はしごの下端から約 3/4（3.0 m）登ったところではしごは倒れる．

■ **安定なつり合いと不安定なつり合い** ■ ある物体に作用する力がつり合っている場合に，安定なつり合いと不安定なつり合いがある．物体をつり合いの状態から少しずらせたときに復元力が働く場合を安定なつり合いといい，そうでない場合を不安定なつり合いという．図 8.12 のやじろべえは安定なつり合いの例である．

8.5 仕事の原理

てこや滑車や斜面を使って質量 m の物体を高さ h だけ持ち上げるとき，摩擦による熱の発生が無視できれば，手の力のする仕事 W は物体の重力による位置エネルギーの増加分 mgh になる．つまり，$W = mgh$ である．手の及ぼす力の大きさを F，力の作用点が力の方向に動く距離を d とすると，手の力のする仕事は $W = $

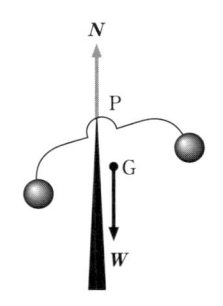

図 8.12 やじろべえ．やじろべえの重心 G は支点 P より低いので，やじろべえを傾けた場合，抗力 N と重力 W の作用はやじろべえを水平に戻そうとする復元力になる．やじろべえの重心は外部にあることに注意．

Fd なので，
$$Fd = mgh \tag{8.13}$$
である．したがって，てこや滑車や斜面を使って d を大きくすれば，手の力 F のする仕事の大きさ Fd は変わらないので，手が加える力の大きさ F は（距離 d に反比例して）小さくなる．これを**仕事の原理**という．

■ **定滑車と動滑車** ■　滑車の仕組みには，滑車の位置が動かない**定滑車**（図 8.13 (a)）と滑車の位置が動く**動滑車**（図 8.13 (b)）がある．以下の議論では，引き上げる物体の質量に比べ，滑車の質量は無視できるものとし，ロープの質量も無視できるものとする．

定滑車で質量 m の物体を引き上げる場合には，ロープを引き下げる距離 d は物体の上昇する距離 h と同じ（$d = h$）なので，手の力の大きさは mg で変わらない．動滑車の場合には，ロープを引き上げる距離 d は物体の上昇する距離 h の 2 倍（$d = 2h$）なので，手の力の大きさ F は，半分の $mg/2$ になる（$F = mgh/2h = mg/2$）．

半径の異なる 2 枚の円板を接着した滑車の場合は，円板の端の点の移動距離は，半径に比例する．図 8.14 (a) に示す定滑車の場合には，$d : h = b : a$，つまり，$h/d = a/b$ なので，必要最小限の力の大きさ F は，
$$F = mgh/d = mga/b \tag{8.14}$$
である．図 8.14 (b) に示す動滑車の場合には，$d : h = a+b : a$，つまり，$h/d = a/(a+b)$ なので，必要最小限の力の大きさ F は，
$$F = mgh/d = mga/(a+b) \tag{8.15}$$
である（ロープが滑車から離れる点 P は，この瞬間の回転の中心であることに注意すること）．h が無限小の場合それぞれの滑車は，

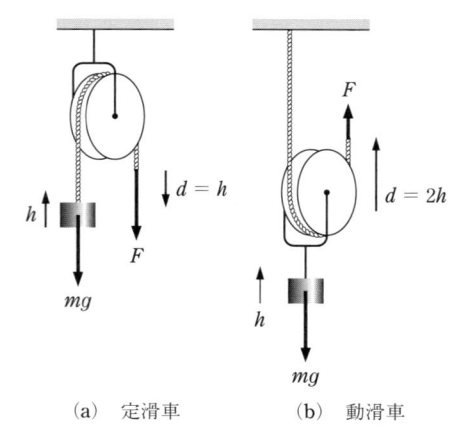

(a) 定滑車　　(b) 動滑車

図 8.13

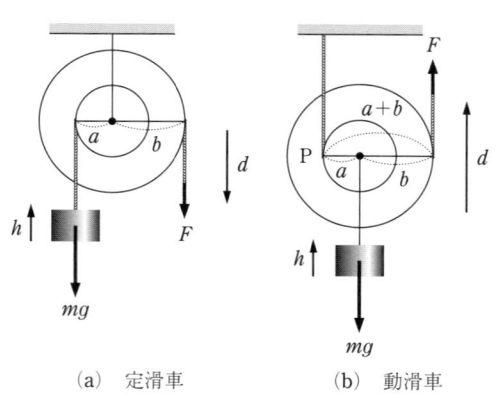

(a) 定滑車　　(b) 動滑車

図 8.14

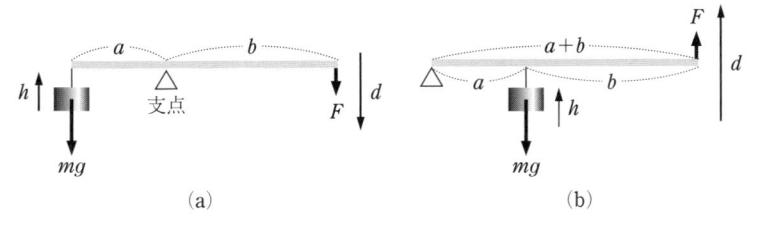

(a) 図 8.14 (a) の定滑車の場合に対応するてこの例.
(b) 図 8.14 (b) の動滑車の場合に対応するてこの例

図 8.15 に示す，てこの例に対応している．

問 1 図 8.16 に示す滑車で 1 kg の物体を引き上げるのに必要な力は何 kgf 以上か．この物体を 1 m 引き上げるにはロープを何 m 引く必要があるか．

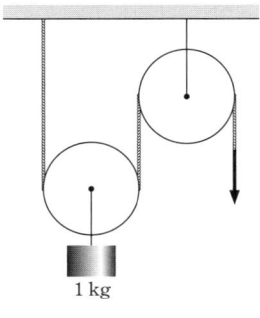

❖ 第 8 章のキーワード ❖

力のモーメント（トルク），力のつり合い条件，仕事の原理，定滑車，動滑車

図 8.16

演習問題 8

A

1. ある種類の木の実を割るには，その両側から 3 kgf 以上の力を加える必要がある．図 1 の道具を使うと，木の実を割るために必要な力はいくらか．

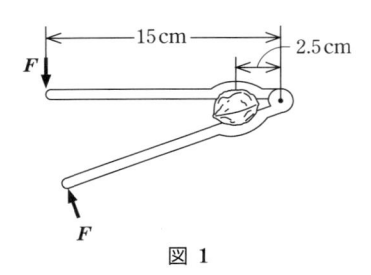

図 1

2. 人間が前にかがんで質量 M の荷物を持ち上げるときに脊柱に働く力の概念図が図 2 である．体重を W とすると，胴体の重さ W_1 は約 $0.4W$ である．頭と腕の重さ W_2 は約 $0.2W$ である．R は仙骨が脊柱に作用する力，T は脊椎挙筋が脊柱に及ぼす力である．W, M, θ を使って T を表せ．$W = 60$ kgf, $M = 20$ kg, $\theta = 30°$ のとき，T は何 kgf か．$\sin 12° = 0.208$ を使え．

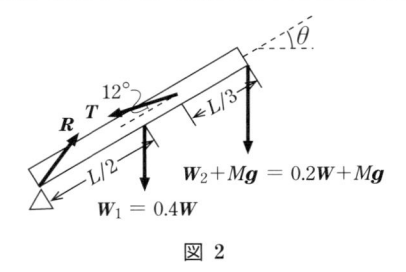

B

1. 縦 2.0 m，横 2.4 m，質量 40 kg の一様な長方形の板を，図 3 のように，長さ $l = 3.0$ m の水平な

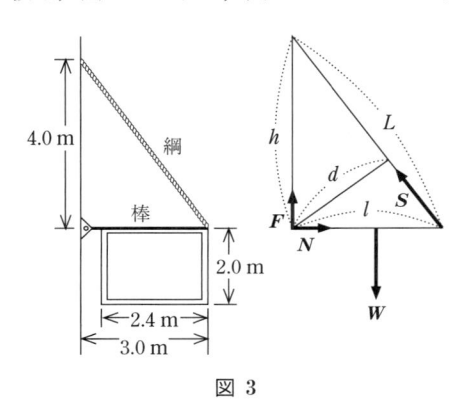

図 2

図 3

棒につける．棒は壁に固定したちょうつがいと綱で固定されている．
(1) 綱の張力 S を求めよ．
(2) ちょうつがいが棒に及ぼす力を求めよ．

2. 図 4 (a), (b), (c) の滑車で 1 kg の物体を引き上げるのに必要な力はそれぞれ何 kgf 以上か．この物体を 1 m 引き上げるにはロープをそれぞれ何 m 引く必要があるか．滑車とロープの質量は無視せよ．

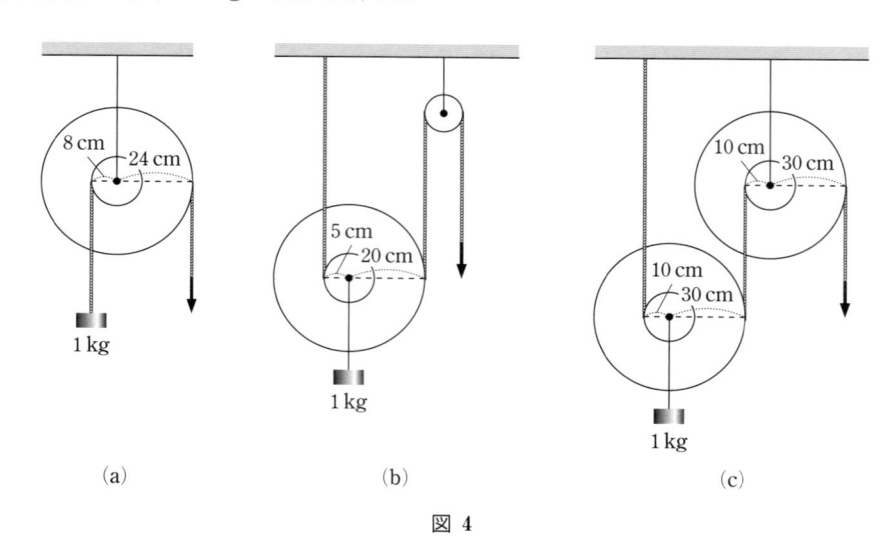

図 4

固定軸のまわりの剛体の回転運動 9

30 cm の物指しを中指と人差し指ではさんで，水平面内で振ってみよう（図 9.1）．物指しの真中をはさんだ場合と端をはさんだ場合の振りやすさを比べてみよう．端をはさんで振る方が指の力を強くしなければならない．剛体には回転させやすいものと，回転させにくいものがある．1 つの剛体でも，回転させやすい支点（物指しの中心）と回転させにくい支点（物指しの端）がある．剛体の回転させにくさを表す量が**慣性モーメント**である．

こまをまわしてみるとわかるように，回転している剛体は同一の回転状態をつづけようとする性質をもつ．慣性モーメントの大きい剛体ほど回転状態を変化させにくい．

この章では，固定軸のまわりの剛体の回転運動を学ぶ．

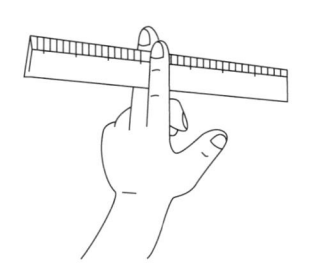

図 9.1 物指しを 2 本の指ではさんで，水平面内で振動させてみる．

9.1 角速度と角加速度（固定軸のまわりの剛体の回転の場合）

図 9.2 に示すような，軸受けによって z 軸上に固定された軸のまわりの剛体の回転を考える．このとき剛体のすべての点は軸に垂直な平面（この場合は xy 平面に平行な平面）の上で，この平面と軸との交点を中心とする円運動を行う．xy 平面上を運動する剛体の 1 点を P とすると，この剛体の位置を，図 9.2 の有向線分 $\overrightarrow{\mathrm{OP}}$ が基準の方向（$+x$ 軸）となす角（角位置）θ によって指定できる．

■ **角速度と角加速度** ■ 角（角位置）θ が時間とともに変化する割合（時間変化率）

$$\omega = \frac{d\theta}{dt} \qquad 角速度 = \frac{回転角}{時間} \tag{9.1}$$

を回転の**角速度**という．国際単位系での角度の単位はラジアン（記号 rad）で，角速度の単位は rad/s である（3.3 節参照）．角速度 ω は単位時間あたりの回転角である．360 度 $= 2\pi$ rad なので，角速度 ω は単位時間あたりの回転数 f の 2π 倍（$\omega = 2\pi f$）である．

角速度の時間変化率 $\alpha = d\omega/dt$ を回転の**角加速度**という．

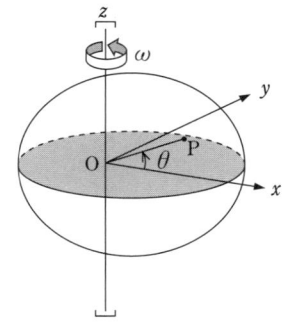

図 9.2 固定軸のある剛体の運動．剛体の位置は角 θ で決まる．

$$\alpha = \frac{d\omega}{dt} = \frac{d^2\theta}{dt^2} \quad 角加速度 = \frac{角速度の変化}{時間} \quad (9.2)$$

角加速度の単位は，「角速度の単位 rad/s」/「時間の単位 s」= rad/s² である．

固定軸のまわりの剛体の回転運動の場合は，剛体のすべての部分は固定軸のまわりを共通の角速度と共通の角加速度で回転する．

■ **接線加速度と角加速度** ■ 等速円運動をする物体の加速度は，向心加速度

$$a_r = \frac{v^2}{r} = r\omega^2 \quad (9.3)$$

だけであるが（3.1 節参照），等速ではない円運動の加速度 a は，向心加速度 a_r 以外に，円の接線方向を向いた成分の接線加速度 a_t をもつ（図 9.3）．角速度が ω で半径が r の円運動を行う物体の速さ v は $v = r\omega$ なので [(3.19) 式]，接線加速度 a_t は

$$a_t = r\alpha \quad (9.4)$$

と表される（$a_t = dv/dt = d(r\omega)/dt = r\,d\omega/dt = r\alpha$）．$\alpha$ は (9.2) 式で定義した，角速度 ω の時間変化率の角加速度である．

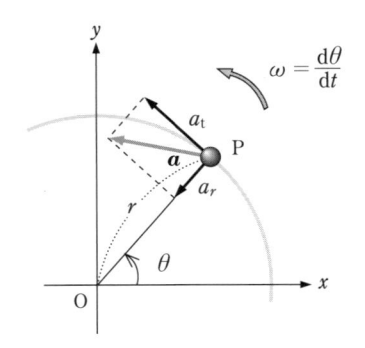

図 9.3 向心加速度 a_r と接線加速度 a_t

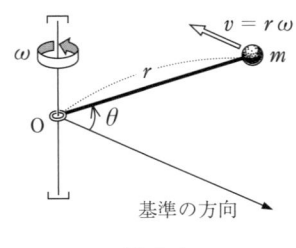

図 9.4

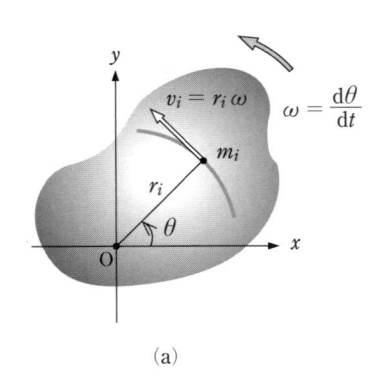

9.2 回転運動の運動エネルギーと慣性モーメント

図 9.4 に示すように，長さ r の軽い棒の一端に質量 m の重いおもりをつけ，もう一方の端の点 O を通る回転軸のまわりで角速度 ω の回転をさせる．角度の単位にラジアンを使うと，このおもりの速さ v は

$$v = r\omega \quad (9.5)$$

である．したがって，図 9.4 のおもりの運動エネルギー $K = mv^2/2$ は，

$$K = \frac{1}{2}mv^2 = \frac{1}{2}m(r\omega)^2 = \frac{1}{2}mr^2\omega^2 \quad (9.6)$$

と表せる．

図 9.5 (a) の場合のような一般の剛体の回転運動のエネルギーを求めるには，剛体を小さな体積要素に分割して，これらの体積要素の和だと考える．図 9.5 (b) の質量 m_i をもつ i 番目の体積要素と回転軸の距離を r_i とすると，その速さは $v_i = r_i\omega$ なので，運動エネルギー K_i は次のように表される．

$$K_i = \frac{1}{2}m_i v_i^2 = \frac{1}{2}m_i r_i^2 \omega^2 \quad (9.7)$$

剛体全体の回転運動の運動エネルギー K は，各体積要素の運動

図 9.5 $v_i = r_i\omega$

エネルギーの和 $K_1+K_2+\cdots$ なので，次のように表される．

$$K = \frac{1}{2} m_1 r_1^2 \omega^2 + \frac{1}{2} m_2 r_2^2 \omega^2 + \cdots$$

$$= \frac{1}{2}(m_1 r_1^2 + m_2 r_2^2 + \cdots)\omega^2$$

$$= \frac{1}{2}\left(\sum_i m_i r_i^2\right)\omega^2 \tag{9.8}$$

そこで，この剛体の固定軸のまわりの**慣性モーメント** I を

$$I = m_1 r_1^2 + m_2 r_2^2 + \cdots$$

$$= \sum_i m_i r_i^2 \tag{9.9}$$

と定義すると，この剛体の回転運動の運動エネルギー K は

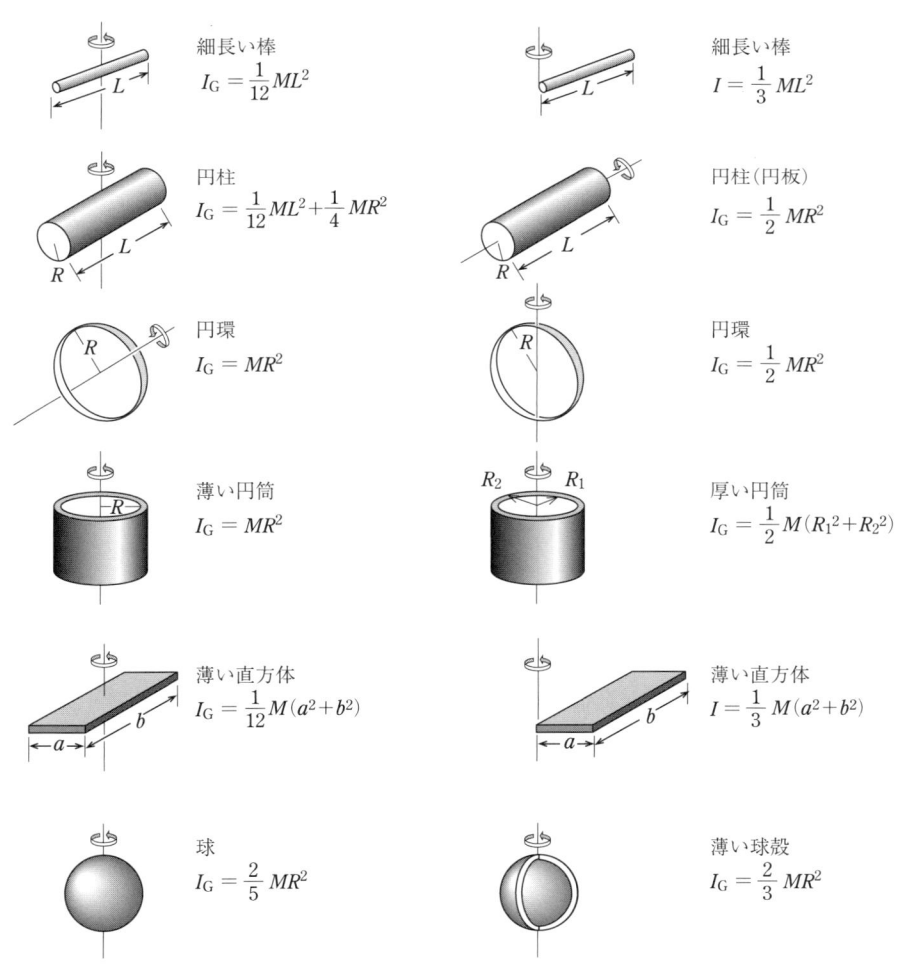

細長い棒　$I_G = \frac{1}{12}ML^2$	細長い棒　$I = \frac{1}{3}ML^2$
円柱　$I_G = \frac{1}{12}ML^2 + \frac{1}{4}MR^2$	円柱（円板）　$I_G = \frac{1}{2}MR^2$
円環　$I_G = MR^2$	円環　$I_G = \frac{1}{2}MR^2$
薄い円筒　$I_G = MR^2$	厚い円筒　$I_G = \frac{1}{2}M(R_1^2+R_2^2)$
薄い直方体　$I_G = \frac{1}{12}M(a^2+b^2)$	薄い直方体　$I = \frac{1}{3}M(a^2+b^2)$
球　$I_G = \frac{2}{5}MR^2$	薄い球殻　$I_G = \frac{2}{3}MR^2$

図 9.6　慣性モーメントの例．剛体の質量を M とする．I_G は回転軸が剛体の重心を通る場合の慣性モーメントである．質量 M の剛体のある軸のまわりの慣性モーメントを $I = Mk^2$ とおいて，k をその剛体の回転軸のまわりの回転半径ということがある．

$$K = \frac{1}{2}I\omega^2 \quad (9.10)$$

と表される．図 9.4 のおもりの慣性モーメント I は，$I = mr^2$ である．

剛体には回転させやすいものと，回転させにくいものがある．回転させにくいとは，同じ角速度 ω で回転させるために大きな仕事が必要なことを意味する．この仕事は $I\omega^2/2$ なので，慣性モーメント I に比例する．つまり，慣性モーメント I は剛体の回転させにくさを表す量で，直線運動の場合の質量 m に対応する．質量の大きな物体は動かしにくいばかりでなく，動いている場合には止めにくい．回転運動の場合も同じである．回転しているこまの例からわかるように，回転している剛体は同一の回転状態をつづけようとする性質をもつ．慣性モーメントの大きい剛体ほど回転状態を変化させにくい．

慣性モーメントの例を図 9.6 に示す．同じ剛体でも回転軸が異なると，慣性モーメントの大きさは異なる（図 9.6 の上から 3 列目までの右と左の慣性モーメントを比べよ）．同じ質量でも，質量が軸から遠い場合には，慣性モーメントは大きい．

問 1 図 9.7 (a), (b) のどちらの場合の慣性モーメントが大きいか．

9.3 固定軸のまわりの剛体の回転運動の法則

半径 r の円運動をしている質量 m の小物体の円の接線方向の運動方程式

$$F_t = ma_t \quad (9.11)$$

の両辺に半径 r をかけると

$$F_t r = N = ma_t r = m(r\alpha)r = mr^2\alpha \quad (9.12)$$

が導かれる（図 9.8 (a)）．$F_t r = N$ は前章で学んだ，円の中心のまわりの外力のモーメント（トルク）である．

剛体の場合には，剛体を小物体の集まりと考えると，各小物体に対する (9.12) 式の

$$N_i = m_i r_i^2 \alpha \quad (9.13)$$

が成り立つので，それらの和として，固定軸のまわりの剛体の回転運動の法則

$$N = \sum_i N_i = \sum_i m_i r_i^2 \alpha = \left(\sum_i m_i r_i^2\right)\alpha = I\alpha \quad (9.14)$$

$$\therefore \quad I\alpha = N \quad \left(I\frac{d^2\theta}{dt^2} = N\right) \quad (9.15)$$

が導かれる（図 9.8 (b)）．I は (9.9) 式で定義された慣性モーメン

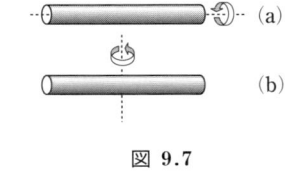

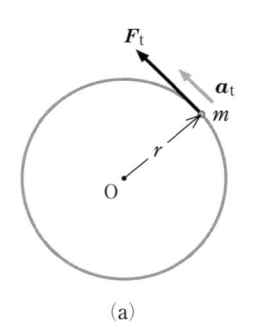

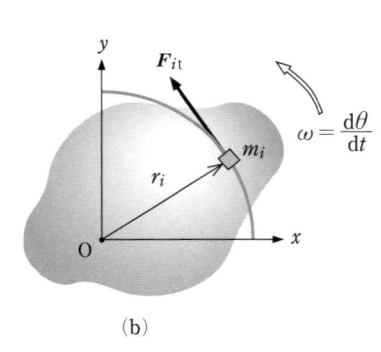

図 9.7

図 9.8 (a) $F_t = ma_t = mr\alpha$,
(b) $N_i = r_i F_{it} = m_i r_i^2 \alpha$

トで，$N = \sum_i N_i$ は剛体に作用する外力のモーメントの和で，**外力のモーメント**という．なお，各小物体の回転運動には内力のモーメントも影響を与えるが，作用反作用の法則によって剛体全体の回転運動には内力のモーメントは打ち消し合い，内力は影響しない（図9.9）．(9.15)式から，$N = 0$ の場合は角加速度 α が 0 であること，したがって，静止している剛体が回転しはじめず，静止状態をつづける条件は，外力のモーメント $N = 0$ であることがわかる．

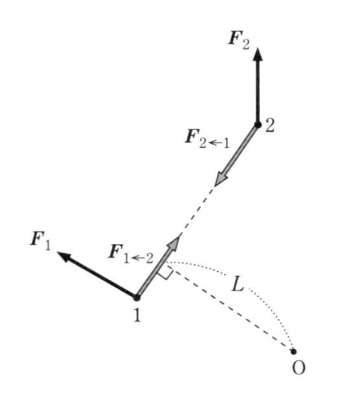

図 9.9 内力のモーメントは打ち消し合う．

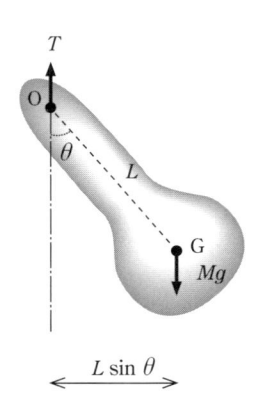

■ **固定軸のまわりの剛体の回転運動と x 軸に沿っての直線運動との対応** ■　x 軸に沿っての直線運動の方程式 $ma = F$ ($m\, d^2x/dt^2 = F$) と固定軸のまわりの回転運動の方程式 $I\alpha = N$ ($I\, d^2\theta/dt^2 = N$) を比べると，

慣性モーメント I	$\iff$	質量 m
角位置 θ	$\iff$	位置座標 x
力のモーメント（トルク）N	$\iff$	力 F
角速度 ω	$\iff$	速度 v
角加速度 α	$\iff$	加速度 a

という対応関係があることがわかる．このほか，直線運動で成り立つ関係式に対応する回転運動の関係式は，上の置き換えで下記のように得られる．

運動エネルギー $\frac{1}{2}I\omega^2$	$\iff$	運動エネルギー $\frac{1}{2}mv^2$
仕事 $W = N\theta$	$\iff$	仕事 $W = Fx$
仕事率 $P = N\omega$	$\iff$	仕事率 $P = Fv$

例 1　剛体振り子　水平な固定軸のまわりに自由に回転でき，重力の作用によって振動する剛体を**剛体振り子**という（図 9.10）．

　剛体振り子に働く外力は，固定軸に作用する軸受けの抗力 T と重力 Mg である．固定軸 O と抗力の作用線の距離は 0 なので，固定軸のまわりの抗力のモーメントは 0 である．前に述べたように，剛体に働く重力の効果は，質量 M の剛体に働く全重力 Mg が重心 G に作用する場合と同じである．固定軸 O から重心 G までの距離を L とし，線分 $\overline{\mathrm{OG}}$ が鉛直線となす角を θ とすると，回転軸 O から重心 G を通る重力の作用線までの距離は $L\sin\theta$ である．そこで，固定軸のまわりの重力 Mg のモーメント N は $(Mg)\times(L\sin\theta)$ なので，

$$N = -MgL\sin\theta \tag{9.16}$$

である（負符号は，重力が振り子の振れを復元する向きに働くこ

図 9.10　剛体振り子

とを意味する). したがって, 回転軸のまわりの慣性モーメントが I の剛体振り子の運動方程式 $I\alpha = N$ は

$$I\frac{d^2\theta}{dt^2} = -MgL\sin\theta \tag{9.17}$$

となる.

　振り子の振幅が小さく, 振れの角 θ が小さいときは, $\sin\theta \fallingdotseq \theta$ であることを使い,

$$\omega = \sqrt{\frac{MgL}{I}} \tag{9.18}$$

とおくと, (9.17)式は次のようになる.

$$\frac{d^2\theta}{dt^2} = -\omega^2\theta \tag{9.19}$$

この微分方程式は単振動の微分方程式 (4.8) の x を θ で置き換えた式なので, 一般解を

$$\theta(t) = A\cos(\omega t + \theta_0) \tag{9.20}$$

と表せる. したがって, 小振幅の剛体振り子の周期 $T = 2\pi/\omega$ は

$$T = 2\pi\sqrt{\frac{I}{MgL}} \tag{9.21}$$

である. 剛体振り子は糸の長さが I/ML の単振り子と同じ運動をすることがわかる.

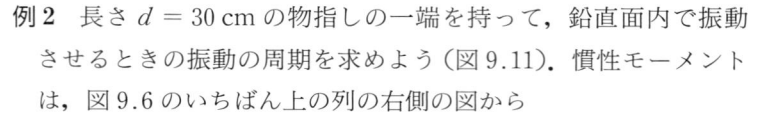

例2 長さ $d = 30$ cm の物指しの一端を持って, 鉛直面内で振動させるときの振動の周期を求めよう (図 9.11). 慣性モーメントは, 図 9.6 のいちばん上の列の右側の図から

$$I = \frac{1}{3}Md^2 \qquad L = \frac{d}{2}$$

なので, (9.21)式から

$$T = 2\pi\sqrt{\frac{I}{MgL}} = 2\pi\sqrt{\frac{2d}{3g}} = 2\pi\sqrt{\frac{2\times 0.30 \text{ m}}{3\times 9.8 \text{ m/s}^2}} = 0.90 \text{ s} \tag{9.22}$$

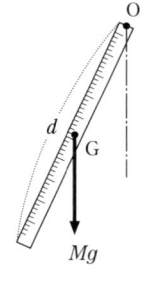

図 9.11

参考　角運動量

　直線運動の運動量 $p = mv$ に対応して, 固定軸のまわりの剛体の回転運動の角運動量 L

$$L = I\omega \tag{9.23}$$

を導入する. 直線運動の運動方程式 $F = ma$ は $F = dp/dt$ と表されるように, 固定軸のまわりの剛体の回転運動の法則 $N = I\alpha = I\,d\omega/dt$ [(9.15)式] は次のように表される.

$$\frac{dL}{dt} = N \tag{9.24}$$

9.4 中心力と角運動量保存の法則*

固定軸のまわりの剛体の回転運動を学んだついでに,大きさが無視できる小さな物体(質点)の回転運動を学ぼう.

身近な例からはじめよう.プラスチックのゴルフの練習用ボールを細いひもにくくりつけ,ボールペンの筒にひもを通し,ひもの下端に5円玉をつけて,ボールを筒の先端のまわりで円運動させる.5円玉を周期的に上下に動かすと,ボールの速さも同じ周期で変化する(図9.12).筒の先とボールの距離が長いときにはボールの速さは遅く,筒の先とボールの距離が短いときにはボールの速さは速い.(この実験では,ひもが切れることがあるので,プラスチックのボールのかわりに重いものを使わないようにすること.)この問題を考えるときに便利なものは角運動量である.

角運動量

小物体の速度を $\boldsymbol{v}$ とすると,微小時間 Δt の物体の変位は $\boldsymbol{v}\Delta t$ である.そこで,速度 $\boldsymbol{v}$ の小物体の位置ベクトル $\boldsymbol{r}$ に垂直な成分を $v_\perp$ とすると,

$$rv_\perp \Delta t/2 \tag{9.25}$$

は微小時間 Δt に力の中心と小物体を結ぶ線分が通過する面積であり(図9.13),

$$rv_\perp/2 \tag{9.26}$$

は単位時間(1秒間)に原点Oと小物体を結ぶ線分が通過する面積である.

そこで,質量 m の小物体の回転運動の勢いを表す量の**角運動量**を

$$L = mrv_\perp \tag{9.27}$$

と定義する.小物体の原点Oのまわりの角速度を ω と記すと,$v_\perp = r\omega$ なので,

$$L = mr^2\omega \tag{9.28}$$

となる.この表現は固定軸のまわりの剛体の回転の場合の角運動量の定義(9.23)と一致しているが,ここでは r が変化する場合も考える.

小物体の回転運動の法則

小物体が平面上 (xy 平面上)を運動している場合,角運動量 $L = mrv_\perp$ の時間変化率 dL/dt は,原点Oのまわりの力 F のモーメント(トルク)N に等しいことが証明できる.

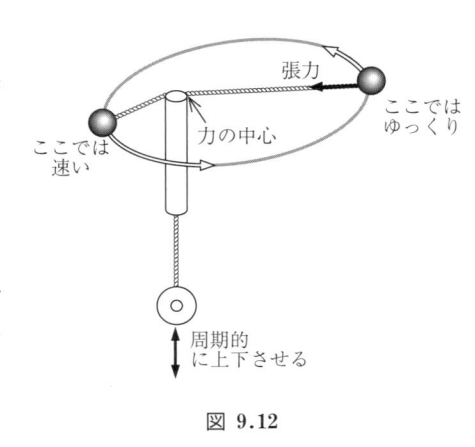

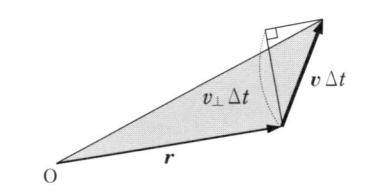

図 9.12

図 9.13 アミの部分の面積が微小時間 Δt に力の中心と物体を結ぶ線分が通過する面積,$rv_\perp \Delta t/2$

$$\frac{dL}{dt} = N \qquad (9.29)$$

これが小物体の**回転運動の法則**である．

> **参考** 回転運動の法則 (9.29) の証明
>
> 力のモーメント $N = rF_\perp$ が
> $$N = xF_y - yF_x \qquad (8.3)$$
> と表せるように，角運動量 $L = mrv_\perp$ は
> $$L = m(xv_y - yv_x) \qquad (9.30)$$
> と表せる．この式を t で微分し，$dx/dt = v_x$, $dy/dt = v_y$, $dv_x/dt = a_x$, $dv_y/dt = a_y$ と運動方程式 $ma_x = F_x$, $ma_y = F_y$ を使うと，回転運動の法則
> $$\frac{dL}{dt} = m(xa_y - ya_x) = xF_y - yF_x = rF_\perp = N \qquad (9.31)$$
> が導かれる．

■ 中心力と角運動量保存の法則 ■ ひもの先端におもりをつけ，ひもの他端を手で持って，おもりをぐるぐる手首のまわりにまわす場合，おもりを引っ張るひもの張力は，固定点の手首の方を向いている．この張力のように，つねに固定点と作用する物体を結ぶ直線に沿って働く力を**中心力**といい，固定点を**力の中心**という．太陽が惑星に及ぼす万有引力も太陽を力の中心とする中心力である．

物体が中心力だけの作用を受けて運動する場合は，力の中心を原点 O に選ぶと，力の作用線が原点 O を通るので，原点と力の作用線の距離は 0 である ($F_\perp = 0$ でもある)．したがって，$N = 0$ なので，(9.29) 式から

$$\frac{dL}{dt} = 0 \quad (N = 0 \text{ の場合}) \qquad (9.32)$$

となり，角運動量 L の時間変化率は 0 である．したがって，

$$L = \text{一定} \quad (N = 0 \text{ の場合}) \qquad (9.33)$$

である．つまり，

「中心力だけの作用を受けて運動する物体の (力の中心のまわりの) 角運動量 L は一定で，時間が経過しても変化しない」．

これを**角運動量保存の法則**という．物体に中心力以外の力が作用すると，物体の角運動量は時間とともに変化する．なお，物体が中心力だけの作用を受けて運動する場合，この物体は力の中心を含む平面上を運動する．

問 2 この節の最初に示したプラスティックのゴルフ練習用ボールの速さの増減を，ボールに働くひもの力が中心力である事実から説明せよ．

例 2 フィギュアスケーター 爪先だって，両手を大きく広げてゆっくりスピンしているフィギュアスケーターが両腕を縮めていくと回転の角速度 ω が増していく（図 9.14）．これはなぜだろうか．フィギュアスケーターの角運動量 L は身体の各部分の角運動量の和なので，$L = \sum m_i r_i^2 \omega$ と表せる．爪先だって回転しているフィギュアスケーターに働く外力のモーメント N は 0 なので，角運動量 L は保存する．つまり，

$$L = \sum m_i r_i^2 \omega = (\sum m_i r_i^2)\omega$$
$$= 一定 \quad (N = 0 \text{ の場合}) \quad (9.34)$$

そこで，スケーターが伸ばしていた両腕を縮めると，腕の部分の回転半径の r_i が減少するので，その結果，角速度 ω が増加する．

この場合，腕を縮めると，回転運動のエネルギーが増加するが，この増加分は腕が行った仕事によるものである．腕の行った仕事は腕の筋肉の化学的エネルギーによるものである．

図 9.14 フィギュアスケーター

例 3 プールへの飛び込み 飛び込みの選手がプールの水面に垂直に跳び込むには，図 9.15 (b) のようにではなく，図 9.15 (a) のように途中で身体を丸めた方が角度の調節がしやすい．これは身体の中心から身体の各部分への距離が小さくなると回転する速さ（角速度）が速くなるからである．

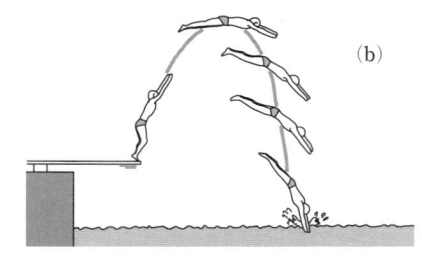

図 9.15

■ **惑星，衛星の運動とケプラーの法則** ■ 16 世紀の後半にデンマークの**ティコ・ブラーエ**は当時としてはきわめて精密な観測機器を使って恒星，太陽，月，惑星などの位置を前例のない正確さをもって長期間にわたって観測した．彼の仕事は望遠鏡の発明以前に行われたものである．

彼の助手であった**ケプラー**は，ティコ・ブラーエの観測結果から，試行錯誤の末に，**ケプラーの法則**とよばれる次の 3 つの法則を発見した．

第 1 法則 惑星の軌道は太陽を 1 つの焦点とする楕円である（楕円とは 2 つの焦点（F, F'）からの距離の和が一定な点の集まりである（図 9.16））．

第 2 法則 太陽と惑星を結ぶ線分が一定時間に通過する面積は等しい（**面積速度一定の法則**）．

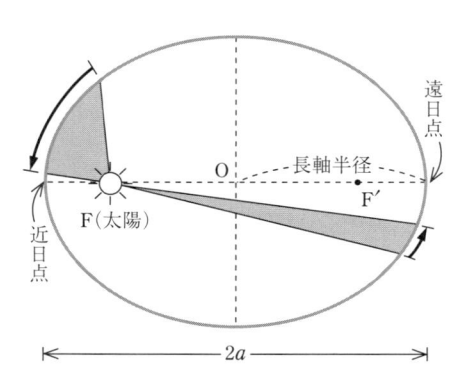

図 9.16 惑星の楕円軌道と面積速度一定．惑星は太陽を焦点の 1 つ（F）とする楕円軌道上を運動する．太陽と惑星を結ぶ線分が同じ時間に通過する面積は一定である．その結果，太陽から遠い遠日点付近では惑星は遅く，太陽に近い近日点付近では速い．

9.4 中心力と角運動量保存の法則

第 3 法則 惑星が太陽を 1 周する時間（周期）T の 2 乗と軌道の長軸半径 a の 3 乗の比は，すべての惑星について同じ値をもつ（$a^3/T^2 = $ 一定）．

ケプラーの法則が発見されてから約 100 年後に，ニュートンは，すべての天体の間には万有引力が働くと仮定して，運動の法則を使ってケプラーの法則を証明した．また逆に，運動の法則とケプラーの法則から万有引力の法則を導いた．

太陽と惑星の間に作用する万有引力は中心力なので，力の中心である太陽のまわりの惑星の角運動量は保存する（一定である）．これはケプラーの発見した面積速度一定の法則である．なお，演習問題 3 の B3 では，惑星の軌道が円の場合のケプラーの第 3 法則の証明を行った．

◈ **第 9 章のキーワード** ◈

角速度，角加速度，接線加速度，慣性モーメント，固定軸のまわりの剛体の回転運動の法則，外力のモーメント，剛体振り子，角運動量

演習問題 9

A

1. 図 1 の 2 つの円板 B, C は接触していて，滑り合うことなく回転している．円板 A, B は接着されていて，時計のまわる向きとは逆向きに回転している．円板 C の角速度と角加速度は 2 rad/s と 6 rad/s^2 である．おもり D の速度と加速度を求めよ．

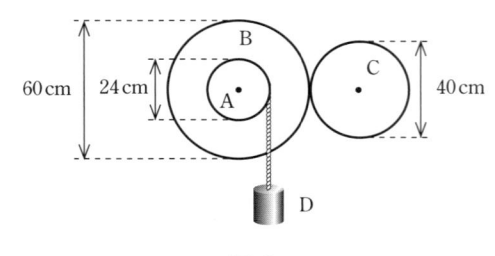

図 1

2. 半径 1 m，高さ 1 m の鉄製（密度は 8 g/cm^3）の円柱が中心軸のまわりを毎分 600 回転している．回転による運動エネルギーを求めよ．

3. あるヘリコプターの 3 枚の回転翼はいずれも長さ $L = 5.0$ m，質量 $M = 200$ kg である（図 2）．回転翼が 1 分間に 300 回転しているときの回転の運動エネルギーを求めよ．

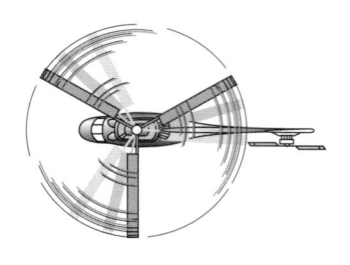

図 2

4. 同じ長さで同じ太さの鉄の棒とアルミニウムの棒を図 3 のように接着した．点 O のまわりに回転できる (a) の場合と点 O′ のまわりに回転できる (b) の場合，どちらが回転させやすいか．

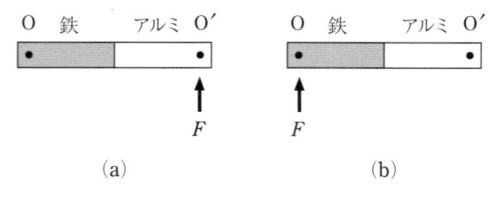

図 3

5. 新幹線電車の台車には，左右に2個ずつ，計4個の車輪に対して，2台のモーターがついており，モーターのトルクによって各車輪が回転する．このとき，車輪とレールの接点Qには，摩擦力 F_Q が図4の向きに働いていると考えられる．新幹線電車が 200 km/h で走行しているときのモーター1台あたりの出力が 83 kW とするときの力 F_Q を求めよ．車輪の直径は 0.91 m とする．

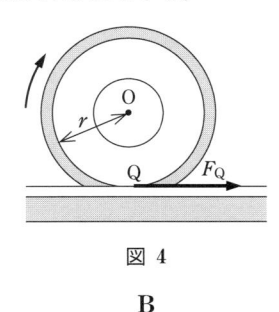

図 4

B

1. 図5のような3辺の長さが a, b, c で質量が M の直方体の長さ c の辺のまわりの慣性モーメントは

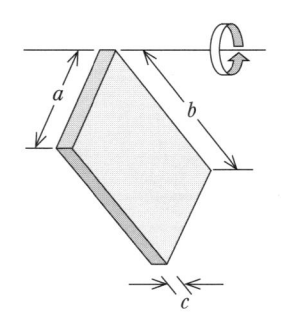

図 5

$$I = \frac{1}{3}M(a^2 + b^2)$$

である．図に示した軸のまわりにこの直方体を剛体振り子として振動させたときの周期 T を求めよ．

2. 人工衛星の打ち上げには多段ロケットを使い，次々に加速するとともに軌道を修正して，所定の軌道にのせる．多段ロケットを使わずに1段ロケット（＝人工衛星）を打ち上げると，最後に燃料を噴射したところは地表のすぐそばなので，地球を1周する前に地球に衝突してしまうことを，ケプラーの第1法則を使って，説明せよ．

10 剛体の運動と重心

剛体は回転するので，剛体の運動は複雑である．図 10.1 に示すように，金槌を空中に放り投げると，金槌の両端は複雑な運動をする．しかし，図 10.1 をよく見ると，金槌には簡単な運動をする点があることがわかる．アミの線で示した放物線の上を運動する点の重心である．金槌の重心は，小さな球を放り投げた場合と同じ放物運動を行う．剛体には重心があり，重心は剛体に作用するすべての外力のベクトル和が作用している同じ質量の小さな物体とまったく同じ運動を行う．

剛体に対する重力の効果を問題にするときには，剛体の各部分に作用する重力の合力がこの物体の重心に作用しているとみなせることは第 8 章で紹介した．

これらの性質のために，重心は剛体を代表する点である．

本章では剛体の運動を学ぶが，キーポイントは剛体の運動を重心の運動とそのまわりの回転運動に分けて考えることである．最初に重心について学ぶ．

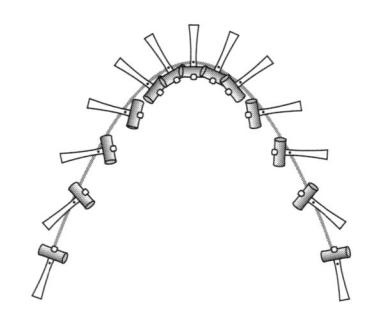

図 10.1 金槌の重心は放物線上を運動する．

10.1 剛体の重心

2 つの小物体の重心　図 10.2 に示すような，軽い棒の両端 P, Q に 2 つの重いが小さな球 (質量 m_1 と m_2) がついている剛体を考える．2 つの球には鉛直下向きの重力 $\boldsymbol{W}_1 = m_1 \boldsymbol{g}$ と $\boldsymbol{W}_2 = m_2 \boldsymbol{g}$ が作用する．この棒の 1 点を指で支えて静止させておくには，どこを支えればよいだろうか．求める点を G とし，G から 2 つの重力 $\boldsymbol{W}_1$ と $\boldsymbol{W}_2$ の作用線への距離を L_1 と L_2 とする．重力 $\boldsymbol{W}_1$ が点 G のまわりに剛体を回転させようとする効果は，「力の大きさ $W_1 = m_1 g$」×「点 G から力の作用線への距離 L_1」，つまり，重力 $\boldsymbol{W}_1$ のモーメント $N_1 = W_1 L_1 = m_1 g L_1$ である．したがって，この剛体が静止しつづけるためには，2 つの球に作用する重力の点 G のまわりのモーメントの大きさ $W_1 L_1 = m_1 g L_1$ と $W_2 L_2 = m_2 g L_2$ が等しくなければならない．したがって，

$$m_1 g L_1 = m_2 g L_2 \quad \therefore \quad L_1 : L_2 = m_2 : m_1 \quad (10.1)$$

となる．$L_1 = \overline{\mathrm{GP}} \sin\theta$, $L_2 = \overline{\mathrm{GQ}} \sin\theta$ なので，
$$\overline{\mathrm{GP}} : \overline{\mathrm{GQ}} = m_2 : m_1 \qquad (10.2)$$
つまり，棒の傾きの角度 θ を変えても，つり合いの点 G はつねに線分（棒）$\overline{\mathrm{PQ}}$ を $m_2 : m_1$ に内分する点であることがわかる．

このような条件を満たす点 G を通り，鉛直上向きで，大きさが $(m_1+m_2)g$ の力 $\bm{F}$ は，2 つの球に働く重力 $\bm{W}_1, \bm{W}_2$ とつり合う．したがって，棒の両端に固定された 2 つの球に働く重力 $\bm{W}_1, \bm{W}_2$ の効果は，点 G を通り鉛直下向きで，大きさが $(m_1+m_2)g$ の力 $\bm{W}$ と同じである．この力 $\bm{W}$ を 2 つの球から構成された剛体に働く重力 $\bm{W}_1, \bm{W}_2$ の合力とよび，点 G をこの剛体（あるいは 2 つの球）の**重心**あるいは**質量中心**とよぶ．

質量 m_1 の質点の位置を $\bm{r}_1 = (x_1, y_1)$，質量 m_2 の質点の位置を $\bm{r}_2 = (x_2, y_2)$ とすれば（簡単のためこの章でも z 座標は省略する），2 つの質点の重心 G の位置 $\bm{R} = (X, Y)$ は，
$$\bm{R} = \frac{m_1\bm{r}_1 + m_2\bm{r}_2}{m_1 + m_2} \qquad (10.3)$$
で，位置座標は
$$X = \frac{m_1 x_1 + m_2 x_2}{m_1 + m_2} \qquad Y = \frac{m_1 y_1 + m_2 y_2}{m_1 + m_2} \qquad (10.3')$$
である（図 10.3 参照）．

なお，図 10.2 の 2 つの物体をつけた棒が，図 10.4 のように曲がっていて，線分 PQ を $m_2 : m_1$ に内分する点 G が棒の外部にあっても，点 G は 2 つの物体の重心であり，重心の位置は (10.3) 式で与えられる．つまり，2 つの物体に働く重力 $\bm{W}_1, \bm{W}_2$ の合力の作用線はつねに重心 G を通り，重心の位置はつねに (10.3) 式で与えられる．

■ 剛体の重心 ■

剛体の重心の位置を計算で求めるには，剛体を小さな部分に分割して考える．簡単のために，重心の x 座標と y 座標だけを求めよう．分割した結果，質量 $m_1, m_2, m_3, \cdots$ の小さな物体が点 $\bm{r}_1 = (x_1, y_1)$, $\bm{r}_2 = (x_2, y_2)$, $\bm{r}_3 = (x_3, y_3), \cdots$ にある場合には，この剛体の重心の位置 $\bm{R} = (X, Y)$ は，
$$\bm{R} = \frac{m_1\bm{r}_1 + m_2\bm{r}_2 + m_3\bm{r}_3 + \cdots}{m_1 + m_2 + m_3 + \cdots} \qquad (10.4)$$
で，位置座標は
$$X = \frac{m_1 x_1 + m_2 x_2 + m_3 x_3 + \cdots}{m_1 + m_2 + m_3 + \cdots} \qquad Y = \frac{m_1 y_1 + m_2 y_2 + m_3 y_3 + \cdots}{m_1 + m_2 + m_3 + \cdots}$$
$$(10.4')$$

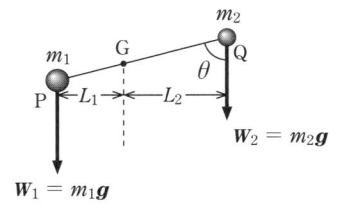

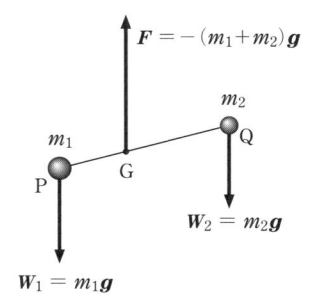

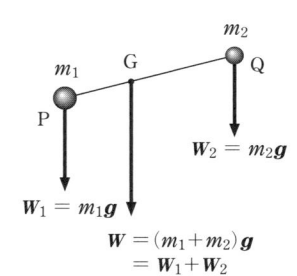

図 10.2 棒に固定された 2 つの球に作用する重力 $\bm{W}_1, \bm{W}_2$ の合力は重心 G を通る鉛直下向きの力 $\bm{W}_1 + \bm{W}_2$ である．重心 G は $\overline{\mathrm{PQ}}$ を $m_2 : m_1$ に内分する点，つまり，$\overline{\mathrm{GP}} : \overline{\mathrm{GQ}} = m_2 : m_1$ の点である．

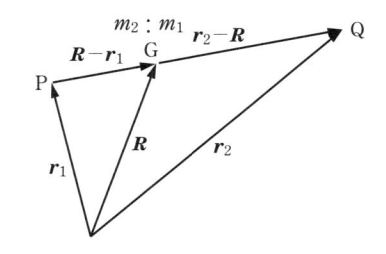

図 10.3 重心 G の位置ベクトル $\bm{R}$ は
$$\bm{R} = \frac{m_1\bm{r}_1 + m_2\bm{r}_2}{m_1 + m_2}$$
この式から重心 G が線分 $\overline{\mathrm{PQ}}$ ($= \bm{r}_2 - \bm{r}_1$) を $m_2 : m_1$ に内分する点であることを示す式，$m_1(\bm{R} - \bm{r}_1) = m_2(\bm{r}_2 - \bm{R})$ が導かれる．

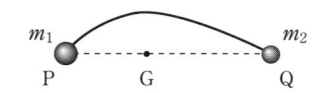

図 10.4 重心 G は物体の外部に存在することもある．

である．
$$m_1 + m_2 + m_3 + \cdots \equiv M \tag{10.5}$$
はこの剛体の全質量である．(10.4)式を使うと，剛体の重心を決めることができ，さらに，いくつかの物体から構成された集団の重心を定義することもできる．

この剛体に働く重力の合力は，重心 G を通る鉛直下向きの力 $M\boldsymbol{g} = (m_1 + m_2 + m_3 + \cdots)\boldsymbol{g}$ であることは，まず $m_1\boldsymbol{g}$ と $m_2\boldsymbol{g}$ の合力をつくり，次に $m_1\boldsymbol{g}$ と $m_2\boldsymbol{g}$ の合力と $m_3\boldsymbol{g}$ との合力をつくり，… という合成によって示すことができる．

材質が一様で厚さが一定な薄い円板の重心は円の中心で，材質が一様で厚さが一定な薄い三角形の板の重心は三角形の 3 本の中線（頂点と対辺の中点を結ぶ線分）の交点である三角形の重心である（図 10.5）．ドーナツのように，重心が外部にある物体もある．

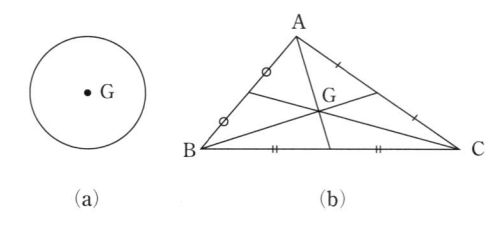

図 10.5 重心．(a) 薄くて一様な円板の重心は円の中心である．(b) 薄くて一様な三角形板の重心は 3 本の中線の交点である．

問 1 長さが 5 m の丸太がある．その一端 A を持ち上げるには 60 kgf の力が必要であり，他端 B を持ち上げるには 40 kgf の力が必要である．この丸太の質量と重心の位置を求めよ．

10.2 重心の運動方程式

外力 $\boldsymbol{F}$ の作用している質量 M の剛体の重心 $G(X, Y)$ の運動方程式は
$$M\boldsymbol{A} = \boldsymbol{F} \quad (MA_x = F_x, \; MA_y = F_y) \tag{10.6}$$
である．$\boldsymbol{A}$ は重心の加速度で，$\boldsymbol{F}$ は剛体の各部分に作用するすべての外力のベクトル和
$$\boldsymbol{F} = \boldsymbol{F}_1 + \boldsymbol{F}_2 + \boldsymbol{F}_3 + \cdots \tag{10.7}$$
である．重心の運動方程式 (10.6) は剛体ばかりでなく，すべてのひろがっている物体およびいくつかの物体の集団の重心の運動でつねに成り立つ運動法則である．

この運動方程式は

「剛体の重心 G は，剛体の全質量 M が重心に集まり，剛体に作用するすべての外力のベクトル和 $\boldsymbol{F}$ が重心に作用するとし

たときの，質量 M の質点と同一の運動を行う」
ことを意味している．

剛体やいくつかの物体の集団に作用する外力のベクトル和が 0，つまり $\boldsymbol{F}=0$ の場合，(10.6)式から重心の加速度 $\boldsymbol{A}=\mathrm{d}\boldsymbol{V}/\mathrm{d}t=0$ である．したがって，

「外力が作用していない（あるいは外力のベクトル和が 0 の）質点系や剛体の重心の速度 $\boldsymbol{V}$ は時間的に変化せず，重心は静止しつづけるか，等速直線運動を行う」．

例 1　宇宙船　宇宙空間に孤立しているので外力の作用を受けない宇宙船は等速直線運動をするだけで，運動方向を変えたり，速さを増減したりすることはできないのだろうかという問題を考えよう．慣性の法則によって，外力が作用していない宇宙船の本体と燃料の全体の重心は等速直線運動をつづける．しかし，宇宙船が燃料を後方に噴射すると，その反作用で宇宙船の本体は前方へ加速される（図 10.6）．また，燃料を横向きに噴射すると，宇宙船は向きを変えられる．

問 2　花火が空中で爆発した．空気抵抗を無視すれば，爆発後の花火の破片の運動について何がいえるか．

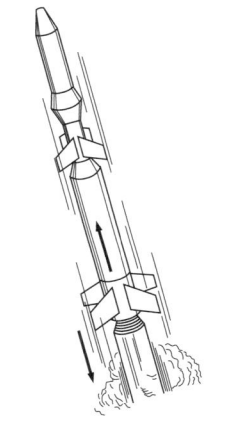

図 10.6　宇宙空間のロケット

参考　重心の運動方程式 (10.6) の証明

剛体の重心の位置を表す (10.4) 式の両辺に剛体の質量 $M = m_1 + m_2 + m_3 + \cdots$ をかけると

$$M\boldsymbol{R} = m_1\boldsymbol{r}_1 + m_2\boldsymbol{r}_2 + m_3\boldsymbol{r}_3 + \cdots \qquad (10.8)$$

となる．

剛体の重心の位置 $\boldsymbol{R}$ の時間変化率 $\mathrm{d}\boldsymbol{R}/\mathrm{d}t$ は重心の速度 $\boldsymbol{V}$ であり，i 番目の部分の位置 $\boldsymbol{r}_i$ の時間変化率 $\mathrm{d}\boldsymbol{r}_i/\mathrm{d}t$ は i 番目の部分の速度 $\boldsymbol{v}_i$ なので，(10.8) 式から重心の速度 $\boldsymbol{V}$ に対する式

$$M\boldsymbol{V} = m_1\boldsymbol{v}_1 + m_2\boldsymbol{v}_2 + m_3\boldsymbol{v}_3 + \cdots \qquad (10.9)$$

が得られる．

剛体の重心速度 $\boldsymbol{V}$ の時間変化率 $\mathrm{d}\boldsymbol{V}/\mathrm{d}t$ は重心の加速度 $\boldsymbol{A}$ であり，i 番目の部分の速度 $\boldsymbol{v}_i$ の時間変化率 $\mathrm{d}\boldsymbol{v}_i/\mathrm{d}t$ は i 番目の部分の加速度 $\boldsymbol{a}_i$ である．したがって，(10.9) 式から重心の加速度 $\boldsymbol{A}$ に対する式

$$M\boldsymbol{A} = m_1\boldsymbol{a}_1 + m_2\boldsymbol{a}_2 + m_3\boldsymbol{a}_3 + \cdots \qquad (10.10)$$

が得られる．

剛体の i 番目の部分に作用する外力を $\boldsymbol{F}_i$ とすると，剛体の各

部分の運動方程式は
$$m_1\bm{a}_1 = \bm{F}_1 + 内力, \quad m_2\bm{a}_2 = \bm{F}_2 + 内力,$$
$$m_3\bm{a}_3 = \bm{F}_3 + 内力, \quad \cdots \tag{10.11}$$
である．作用反作用の法則によって，内力は $\bm{F}_{1\leftarrow 2} = -\bm{F}_{2\leftarrow 1}$ などの関係を満たす．剛体に外部の物体が作用するすべての外力のベクトル和 $\bm{F}_1 + \bm{F}_2 + \bm{F}_3 + \cdots$ を $\bm{F}$
$$\bm{F} = \bm{F}_1 + \bm{F}_2 + \bm{F}_3 + \cdots \tag{10.12}$$
とすると，運動方程式 (10.11) から剛体の重心の運動方程式
$$M\bm{A} = m_1\bm{a}_1 + m_2\bm{a}_2 + m_3\bm{a}_3 + \cdots = \bm{F}_1 + \bm{F}_2 + \bm{F}_3 + \cdots = \bm{F}$$
つまり，
$$M\bm{A} = \bm{F} \tag{10.13}$$
が得られる（図 10.7）．

(10.9) 式の右辺は剛体の各部分の運動量の和の全運動量 $\bm{P}$，つまり剛体の運動量 $\bm{P}$ である（7.1 節参照）．したがって，
「剛体の運動量」＝「剛体の質量」×「重心速度」 $\quad \bm{P} = M\bm{V}$
$$\tag{10.14}$$
である．

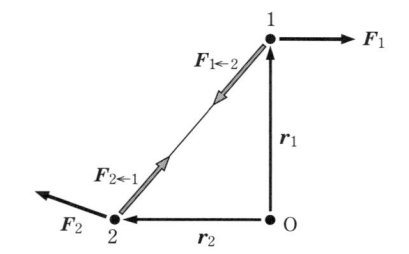

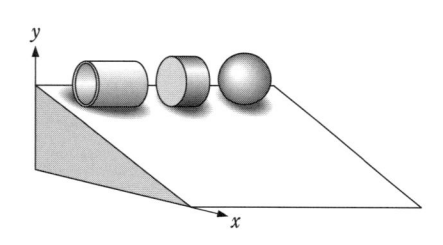

図 10.7 $m_1\bm{a}_1 = \bm{F}_1 + \bm{F}_{1\leftarrow 2}$
$m_2\bm{a}_2 = \bm{F}_2 + \bm{F}_{2\leftarrow 1}$
$m_1\bm{a}_1 + m_2\bm{a}_2 = \bm{F}_1 + \bm{F}_2$

図 10.8 斜面を転がり落ちる剛体

10.3 剛体の平面運動

■ 剛体の平面運動 ■ 剛体のすべての点が一定の平面（たとえば図 10.8 の xy 平面）に平行な平面上を動く運動を剛体の平面運動という．図 10.8 の円柱などが平らな斜面を転落する運動はその一例である．この一定の平面として重心 G が含まれるように xy 平面を選ぶと（図 10.9），剛体の位置を定めるには，重心 G の x, y 座標の X, Y のほかに，xy 平面内にある剛体のもう 1 つの点 P の位置を知る必要があるが，これは有向線分 $\overrightarrow{\mathrm{GP}}$ が $+x$ 軸となす角 θ から決められる．したがって，剛体の平面運動を調べるには，重心 G の座標 X, Y と重心のまわりの回転角 θ の従う運動法則が必要である．

■ 剛体の重心の運動方程式 ■ 外力 $\bm{F}$ の作用している質量 M の剛体の重心 $\mathrm{G}(X, Y)$ の運動方程式は，前節で導いた，
$$M\bm{A} = \bm{F} \quad (MA_x = F_x, MA_y = F_y) \tag{10.15}$$
である．

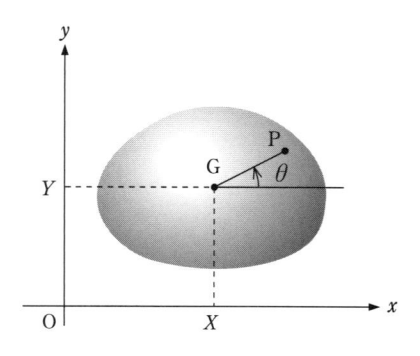

図 10.9 剛体の平面運動．剛体の位置は，重心座標 (X, Y) と重心のまわりの回転角 θ がわかれば決まる．

■ 剛体の重心のまわりの回転運動の法則 ■ 固定軸のまわりの剛体の回転運動の法則は (9.15) 式である．重心を通る軸のまわりの

回転運動の法則も同じ形である．

$$I_G \alpha = N \qquad I_G \frac{d^2\theta}{dt^2} = N \qquad (10.16)$$

ここで，I_G は重心を通り z 軸に平行な直線のまわりの剛体の慣性モーメント，N は剛体に作用する外力のこの直線のまわりのモーメントの和，α は重心のまわりの剛体の回転の角加速度である．(10.16)式は重心が運動していても成り立つ．

■ **剛体の運動エネルギー** ■　剛体の運動エネルギー K は，重心運動の運動エネルギー $MV^2/2$ と重心のまわりの回転運動の運動エネルギー $I_G\omega^2/2$ の和である．

$$K = \frac{1}{2}MV^2 + \frac{1}{2}I_G\omega^2 \qquad (10.17)$$

■ **力学的エネルギー保存の法則** ■　剛体に作用する摩擦力によって熱が発生しない場合には，剛体の重心の高さを h とすると，剛体の運動エネルギーと重力による位置エネルギーの和が一定という力学的エネルギー保存の法則が成り立つ．

$$\frac{1}{2}MV^2 + \frac{1}{2}I_G\omega^2 + Mgh = 一定 \qquad (10.18)$$

■ **剛体が平面上を滑らずに転がる場合** ■　半径 R の円柱，円筒，球，球殻などが平面上を滑らずに転がる場合を考える．これらの剛体が中心（重心）G のまわりに角速度 ω で回転すると，図 10.10 の点 P の回転による速度は $-R\omega$ である（図 10.10 (b)）．接触点 P は滑らないので，点 P の速度は 0 である．したがって，重心速度（並進運動の速度）V（図 10.10 (a)）と回転による速度 $-R\omega$ は打

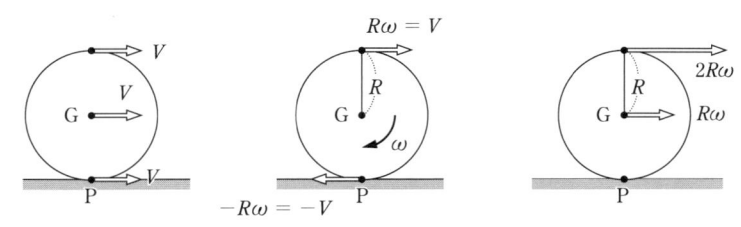

(a) 速度 V の並進運動　(b) 角速度 $\omega = V/R$ の重心のまわりの回転運動　(c) (a)+(b)

図 10.10　円柱が平面上を滑らずに転がる場合．速度 V の並進運動と重心のまわりの角速度 ω の回転運動を合成すると，接触点 P での速度 $V - R\omega$ は 0 なので，重心の速度は $V = R\omega$．各瞬間での剛体の運動は剛体と平面との接触点 P を中心とする角速度 $\omega = V/R$ の回転運動．

表 10.1

剛体	I_G	$1+(I_G/MR^2)$
薄い円筒	MR^2	2
円柱	$\frac{1}{2}MR^2$	3/2
薄い球殻	$\frac{2}{3}MR^2$	5/3
球	$\frac{2}{5}MR^2$	7/5

ち消し合うので(図 10.10 (c)),
$$V = R\omega \tag{10.19}$$
という関係がある.

円柱や球が平面上を滑らずに転がる場合の運動エネルギー K は
$$K = \frac{1}{2}I_G\omega^2 + \frac{1}{2}MV^2 = \frac{1}{2}\left(\frac{I_G}{R^2}+M\right)V^2 \tag{10.20}$$
と表せる.したがって,この場合の剛体の全運動エネルギーは,速さ V,質量 M の質点の運動エネルギー $MV^2/2$ の $[1+(I_G/MR^2)]$ 倍である.いくつかの例を表 10.1 に示す.

■ 斜面の上を滑らずに転がり落ちる剛体の運動 ■　　質量 M,半径 R の球,球殻,円柱,円筒などが水平面と角 β をなす斜面の上を滑らずに転がり落ちる運動を考える(図 10.11).剛体に働く力は,重心 G に働く重力 $M\boldsymbol{g}$,斜面との接触点で働く垂直抗力 $\boldsymbol{T}$ と摩擦力 $\boldsymbol{F}$ である.剛体と斜面の接触点で剛体は滑らないので,摩擦による熱は発生せず,力学的エネルギーは保存する.剛体が高さ h だけ落下すると重力による位置エネルギー Mgh は剛体の運動エネルギーになる.そのうちの $1/[1+(I_G/MR^2)]$ が重心運動の運動エネルギーになり,残りの $(I_G/MR^2)/[1+(I_G/MR^2)]$ が回転運動の運動エネルギーになる.この原因は剛体の落下を妨げる向きに働く摩擦力が剛体を回転させるためである.

したがって,重力加速度 g の斜面方向成分は $g\sin\beta$ であるが,剛体の重心の加速度は $g\sin\theta/[1+(I_G/MR^2)]$ である.また,同じ高さでの重心の速さは,斜面を転がらずに滑り落ちる場合の $1/\sqrt{1+(I_G/MR^2)}$ 倍である.そこで,剛体が斜面を滑らずに転がり落ちるときには,I_G/MR^2 が小さいものほど速く落ち,I_G/MR^2 が大きいものほど遅く落ちることがわかる.薄い円筒,薄い球殻,円柱,球の重心の落下加速度である $g\sin\beta/[1+(I_G/MR^2)]$ を示すと

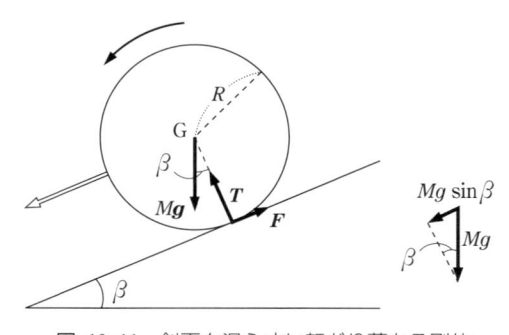

図 10.11　斜面を滑らずに転がり落ちる剛体

薄い円筒：$(1/2)g\sin\beta$,　　薄い球殻：$(3/5)g\sin\beta$,

円柱：$(2/3)g\sin\beta$,　　　　球：$(5/7)g\sin\beta$ (10.21)

となるので，転がり落ちる速さは，この順に速くなることがわかる．

生卵とゆで卵を比べると，生卵は殻が回転しても白味と黄味は殻と同じ角速度で回転しないので，ゆで卵に比べて慣性モーメントが実質的に小さい．したがって，生卵はゆで卵よりも速く転がり落ちる．

ヨーヨー

例題3 一様な円板（半径 R，質量 M）のまわりに糸を巻きつけ，糸の他端を固定し，円板に接していない糸の部分を鉛直にして放したときの運動を調べよ（図10.12参照）．糸の張力 S と円板に働く重力 Mg の関係を求めよ．

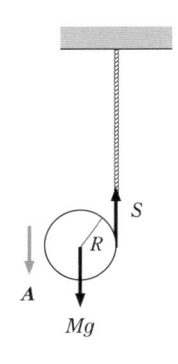

図 10.12

解 鉛直下向きを $+x$ 方向とすると，重心の運動方程式と回転運動の方程式は

$$MA = Mg - S \quad (10.22)$$
$$I_G \alpha = SR \quad (10.23)$$

である．速度と角速度の関係 $V = R\omega$ [(10.19)式] に対応する加速度と角加速度の関係 $A = R\alpha$ を使って，加速度 A と張力 S を求めると

$$A = \frac{g}{1+(I_G/MR^2)} \quad (10.24)$$

$$\therefore \quad S = \frac{I_G}{MR^2 + I_G}Mg \quad (10.25)$$

となる．円板の I_G は $MR^2/2$ なので，

$$A = \frac{2}{3}g, \quad S = \frac{1}{3}Mg \quad (10.26)$$

したがって，円板の重心は加速度 $A = (2/3)g$ の等加速度運動をする．

実際のヨーヨーでは，糸を巻きつける軸の太さを細くして，同じ落下距離での回転数を多くし，落下加速度が小さくなるようにしている（図10.13）．

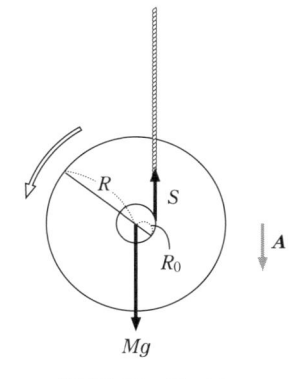

図 10.13　ヨーヨー

回転運動の慣性

物体は等速直線運動をつづけようとする慣性をもつが，回転している剛体は一定の回転軸のまわりで一定の角速度の回転をつづけようとする慣性をもつ．こまが倒れずに回転しつづけるのも，自転車が動いているときに倒れにくいのも，回転運

動の慣性のためである．直線運動の場合の慣性の大きさを表す量は質量であるが，回転運動の慣性の大きさを表す量は慣性モーメントである．

❖ **第10章のキーワード** ❖

重心，重心速度，重心加速度，重心の運動方程式，剛体の平面運動，剛体の重心のまわりの回転運動の法則，斜面の上を滑らずに転がり落ちる剛体の運動，ヨーヨー，回転運動の慣性

演習問題 10

A

1. 走高跳びで，選手の重心がバーより上を通過しなくてもバーを跳び越すことは可能か．
2. 大砲の弾丸が発射され，上空で破裂し，いくつかの破片に分裂した．破片の重心はどのような運動をするか．
3. 大きさも重さも完全に同じだが，一方は中空で，もう一方は物質が中まで詰まっている2つの球がある．球を割らずに中空の球を選び出すにはどうすればよいか．
4. ビールの入った缶ビール，中のビールを凍らせた缶ビール，空の缶ビールの3つを斜面の上から静かに転がすと，どの缶ビールがもっとも速く斜面を転がり落ちるか．

B

1. 図1のような薄い一様な板の重心の位置を求めよ．

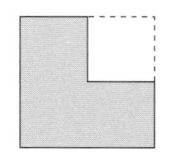

図 1

2. 球が高さ 4.9 m のところから，(1) 自由落下する場合と，(2) 長さ 9.8 m の斜面を滑らずに転がり落ちる場合，のそれぞれの落下時間を求めよ．
3. 図2のように糸巻きの糸を引くとき，引く方向によって糸巻きの運動方向は異なる．図2の F_1, F_2, F_3 の場合はどうなるか．床との接触点 P のまわりの外力のモーメントを考えてみよ．

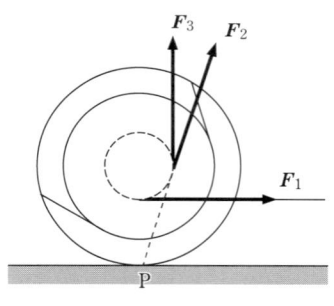

図 2

4. 図3の水平との傾きが 30° の斜面を滑らずに転がり落ちる車輪の加速度を計算せよ．車輪の質量を M，慣性モーメントを I_G，軸の半径を R_0 とせよ．

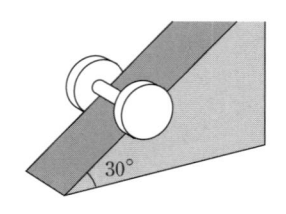

図 3

遠心力と無重量状態

11

　人工衛星の中で実現している無重力状態とはどういう状態だろうか．無重力状態とは，重力は作用しているのだが，重力と遠心力がつり合っているので，床が人間に力を作用しない状態である．この場合，作用反作用の法則で，足も床を押さない．つまり，人間が自分の重さを感じない状態である．そこで，最近は無重力状態を無重量状態とよぶことが多い．遠心力は，自動車や電車がカーブを曲がるときに感じる親しみ深い力である．この章では，遠心力と無重量状態を学ぶ．

11.1 非慣性系と見かけの力

　物体の位置や速度を測定するには，基準になる座標軸（座標系）を選ばねばならない．つまり，物体の運動を測定し，記述する基準を決めねばならない．基準に選ぶ座標軸としてまず考えられるのは，観測者に都合のよい座標軸である．たとえば，電車の乗客が電車の中の現象を記述する場合には電車の床や壁に固定した座標軸である．宇宙船の中の宇宙飛行士にとっては宇宙船に固定した座標軸である．

　ところで，ニュートンの慣性の法則と運動の法則は任意の座標系で成り立つのではない．これらの法則の成り立つ座標系を**慣性系**，成り立たない座標系を**非慣性系**という．

　線路のそばの人が見ると，カーブを左に曲がっている電車の乗客は，水平方向にはシートなどから左向きの力だけを受けている（図11.1(a)）．これは向心加速度 a を生じさせる向心力である．しかし，電車に対して静止状態をつづけている乗客は，自分に働く外力はつり合っていると考え，身体は，左向きの向心力 ma のほかに，これとつり合う右向きの力 $-ma$ も受けているように感じる（図11.1(b)）．あるいは，身体は慣性のために等速直線運動をつづけようとするのだが，それを右向きの力が働いていると感じるといってもよい．この見かけの力（$-ma$）は円運動をしている物体を円の中心から遠ざける向きに働くので，**遠心力**という．一般に力は物

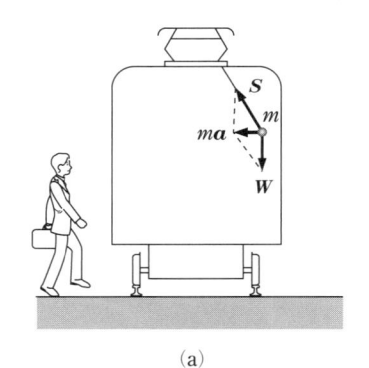

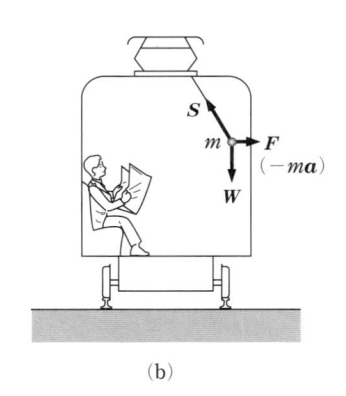

図 11.1　カーブを曲がる電車の天井から吊るしたおもり．(a) 線路のそばの人は，おもりに働くひもの張力 S と重力 W の左向きの合力が，おもりの質量 m と加速度 a の積 ma に等しいと考える．(b) 電車の乗客は，張力 S，重力 W と右向きの見かけの力 F（$=-ma$）がつり合っていると考える．

11.1　非慣性系と見かけの力　　**123**

体と物体の間に作用するが，遠心力のように，力を及ぼしている物体が存在しない力を見かけの力とよぶ．

さて，人工衛星の中の宇宙飛行士に働く力は地球の重力だけであるが，人工衛星に対して静止している宇宙飛行士には，見かけの力の遠心力も働き，その結果，それらの合力の見かけの重力は0だと感じる．これがいわゆる無重力状態である．

円運動している電車や人工衛星に固定した座標系では，慣性の法則を成り立たせようとすると，遠心力という見かけの力を導入せねばならないので，これらの座標系は非慣性系である．遠心力は，向心力と逆向きであるが，大きさは同じで，次式で表される．

$$遠心力 = \frac{mv^2}{r} \tag{11.1}$$

雨の日に傘をぐるぐるまわすと，傘の骨の先端から雨水が飛んでいく．地上の観察者には，雨水の飛び出す方向は骨の先端の運動方向，すなわち骨の先端の描く円の接線方向で，雨水の初速は骨の先端の速さである（図 11.2 (a)）．傘の上から雨水の運動を観察すると，雨水は，初速0で骨の延長線方向に加速され，徐々に傘から遠ざかっていく（図 11.2 (b)）．これは遠心力による運動である．しかし，その後，雨水は骨の延長線からずれていく．図 11.2 (b) の場合は右の方へずれる．この原因は 11.3 節で学ぶコリオリの力である．

洗濯に使う脱水機では，この遠心力によって水分が脱水槽の穴から外へ飛び出すことを利用している．水銀体温計の水銀柱を下げるときに，水銀溜めの反対側を持って勢いよく振るのも遠心力の利用である．

中空な円筒状の部屋が中心軸のまわりに回転できるようになっているローターとよばれる遊具のある遊園地がある．ローターの乗客は壁に背をつけて立つ（図 11.3）．ローターがまわりはじめ，回転速度が増していき，ある速さになると，ローターの床が下降し，乗客の足は床から離れる．しかし，乗客は落下しない．重力とつり合っていた床からの抗力がなくなったのに，乗客が落下しないのは，壁が作用する摩擦力のためである．ローターが大きな回転速度でまわっているときに，乗客は仰向けに寝ているような感じがするという．その理由は遠心力を見かけの重力と感じ，壁の圧力が見かけの重力に対して支える力になっているからである．

牛乳からクリームや脂肪を分離するときのように，密度が異なる物質を分離するには，容器を急速に回転させる．すると，遠心力のために，密度の大きい物質は容器の側面の近くに集まる．遠心力の

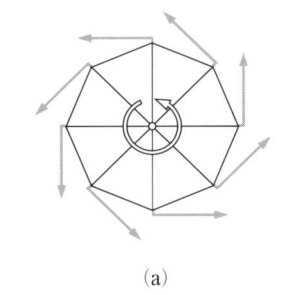

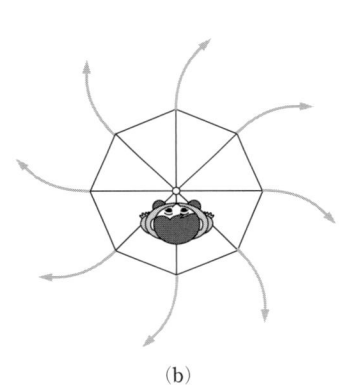

図 11.2 回転する傘の骨の先端から飛び出す雨水．(a) 地上で観察する．(b) 傘の中心に乗って観察する．

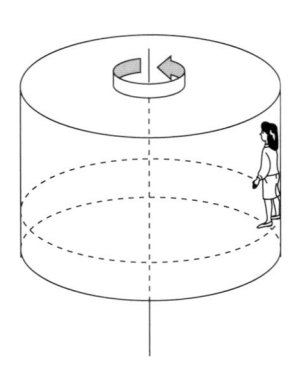

図 11.3 ローター

大きさは質量に比例し，重力と遠心力のベクトル和が見かけの重力として振る舞う．したがって，遠心分離器の内部では容器の壁が下側，中心が上側のようになるので，密度の大きな物質は，見かけの上では下側になる容器の壁のそばに集まるのである．

人工衛星の中の宇宙飛行士にとっては，地球の重力と遠心力がつり合っているので，重力プラス遠心力である見かけの重力は 0 である．したがって，人工衛星の中は無重力状態である．無重力状態は何かと不便なので，未来の宇宙ステーションでは，中心のまわりに自転させて，自転のための遠心力による見かけの重力（人工重力）を発生させるようになるかもしれない（図 11.4）．

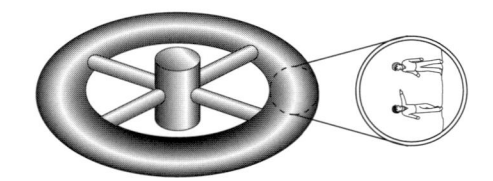

図 11.4　自転する宇宙ステーション

地球は地軸のまわりに自転しているから，地球といっしょに回転しているわれわれは，地表上の物体には遠心力が作用していると感じる．物体に作用する遠心力も万有引力も物体の質量に比例するので，われわれは区別できない．したがって，物体に働く重力は，厳密には地球の万有引力と遠心力との合力である（図 11.5）．しかし，遠心力は万有引力の 0.4% 以下なので，地表上の物体の運動を調べるときには，たいていの場合，遠心力を無視して，地表に固定した座標系を慣性系とみなしてよい．

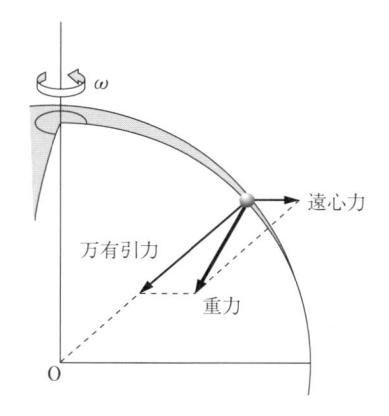

図 11.5　地表での重力は，万有引力と遠心力の合力である．

11.2　身体を支える力が作用しない無重力状態

1998 年に宇宙飛行士の向井千秋さんが宇宙船（人工衛星）の中から「宙返りだれでもできる無重力」という上の句に下の句をつけるよう呼びかけたところ多数の応募があった．人工衛星の中で実現している無重力状態とはどういう状態だろうか．

宇宙に行かなくても，無重力状態の実験は地上で行われている．北海道上砂川町では閉山した炭坑の立坑を利用し，縦穴の中で研究資料を入れたカプセルを 490 m 自由落下させ，無重力状態の影響の研究をしている．カプセルが縦穴の底に激突する前にブレーキをかけて停止させるので，無重力状態は約 10 秒しか継続しない．非現実的だが，わかりやすい例は，高層ビルのエレベーターの綱が不幸にも切れて，しかも制動装置も作動しない場合である．この場合，自由落下している乗客は無重力状態である．

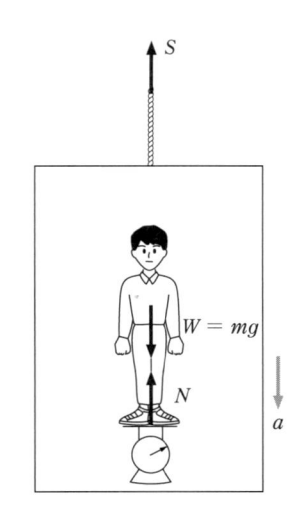

図 11.6 エレベーターが加速すると体重計の針が振れ，体重は軽くなったり，重くなったりする．このとき，体重計の踏み板の重さも変化するので，人が乗っていない体重計の針も振れる．その分の補正が必要である．

重力の作用によって，エレベーターといっしょに落下している乗客の状態を無重力状態とよぶのは不自然に思われる．そこで最近は無重力状態のかわりに無重量状態という言葉が使われる．英語では，ウエイト（重さ）がない状態という意味の言葉が使われている．

人間が自分の重さ（体重）に対して感じる感覚は，自分を支えてくれる力からきている．高層ビルの最上階から1階まで直通のエレベーターの床に置いた体重計の上に立って，体重計を見ていると，動きはじめは体重の値が小さくなり，やがて等速運転になると平常の値になり，1階に近づいて減速しだすと体重の値が大きくなる（図 11.6）．もし綱が切れて自由落下を始めれば，体重計の示す体重の値は 0 である．体重の値が 0 ということは，乗客は無重量，つまり，体重計が乗客を支えていないことを意味する．このように物体を重力にさからって支える力がまったく働かず，重力によって重力加速度で自由落下している状態を**無重量状態**という．

例1 高層ビルの最上階からエレベーターで降りるとき，スタート直後には身体が軽くなったような気持ちになる．このときの下向きの加速度が $1\,\mathrm{m/s^2}$ の場合に，体重 m が 50 kg の人がエレベーターの床から受ける垂直抗力の大きさ N を計算する．

この人に働く地球の重力 W は
$$W = mg = 50\,\mathrm{kg} \times 9.8\,\mathrm{m/s^2} = 490\,\mathrm{kg \cdot m/s^2} = 490\,\mathrm{N} \quad (11.2)$$
である．力の単位として N でなく重力キログラム kgf を使うと，$W = 50\,\mathrm{kgf}$ である．

エレベーターが静止しているときに，この人が床から受ける垂直抗力は重力とつり合っているので，その大きさは 490 N = 50 kgf である．エレベーターがスタートすると，人間の運動方程式は
$$ma = W - N = mg - N \quad (11.3)$$
$$\therefore\quad N = mg - ma = 50(9.8-1)\,\mathrm{N} = 440\,\mathrm{N} = 45\,\mathrm{kgf} \quad (11.4)$$
したがって，この人の足は体重が 5 kg ほど軽くなったように感じる．

だれでも簡単にできる無重量状態の実験を紹介しよう．水の入ったペットボトルを机の上に置き，ペットボトルの側面に小穴を開けると水が穴から飛び出す．穴より上にある水の重さ，つまり穴より上の水に作用する重力による圧力によって，水は穴から外に押し出される．ところが，このペットボトルを自由落下させると，落下中にペットボトルの穴から水は飛び出さない．自由落下中の物体に重

さはないので，ペットボトルの中の水の圧力はどこでも大気圧と同じ1気圧だから，水は穴から外に押し出されないのである．

11.3 コリオリの力

回転している座標系に対して静止している物体には見かけの力の遠心力が働くが，回転している座標系に対して物体が運動しているときには，遠心力のほかに，もう1つの見かけの力である**コリオリの力**が現れる．この力の存在については，ぐるぐるまわっている傘の骨の先端から飛びだした雨水の運動のところで触れた．

図 11.7 の回転台の上に静止している人 A がボール B を台の中心 O をめがけて投げると，ボールは O ではなく右にそれて B′ の方へ運動する．この現象を，地面の上に立っている観測者は，人間 A は $\overrightarrow{BO}$ に対して垂直方向に運動しているので，ボールは2つの速度を合成した $\overrightarrow{BB'}$ の方向に運動すると考える．これに対して，回転台の上に静止している人間 A は，ボールには $\overrightarrow{BO}$ に対して垂直方向を向いた見かけの力のコリオリの力が働くので，ボールは右の方にそれると考える．

北半球では台風の進路や海流が右の方に曲がっていくが，その原因はコリオリの力である．北半球ではコリオリの力が物体の進行方向を右の方へ曲げようとする力であることは，図 11.7 の回転台を北極点付近の地球のモデルだと考え，ボールが曲がる様子を調べればわかる．北極点付近で振り子を振動させるという思考実験をしてもよい（図 11.8 参照）．振り子が振動しているうちに地球が自転するので，地上では振り子の振動面が回転しているように見える．このおもりの運動を地上で上から観察すると，おもりの運動方向は右の方へ曲がるように見える．

貿易風や，高気圧・低気圧付近の気流などは，コリオリの力の影響が顕著に見られる例である．地球の赤道付近は，一般に太陽からの熱を他の地帯より余分に受けている．暖かい空気は上昇し，その後へ温帯からの風が吹き込む．北半球では赤道へ向かって南方に吹く風は，コリオリの力の影響で西へそれる．これが南西に向かってほとんど定常的に吹いている貿易風とよばれる風である．

高気圧 (H) から吹き出す風や低気圧 (L) に吹き込む風の向きを気象衛星から観測すると，風の向きは等圧線に垂直ではなく，北半球では図 11.9 のように進行方向の右側の方にそれ，南半球では左側の方にそれるのも，コリオリの力が原因である．台風の目の付近では，気圧の差による力はコリオリの力と遠心力の合力とほぼつり合っており，風は等圧線にほぼ平行に吹く．

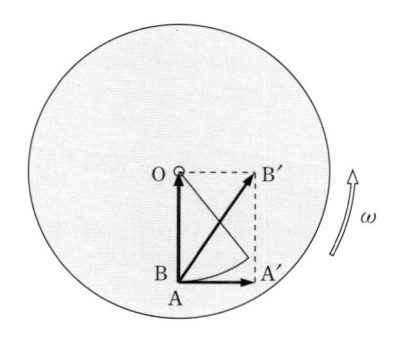

図 11.7

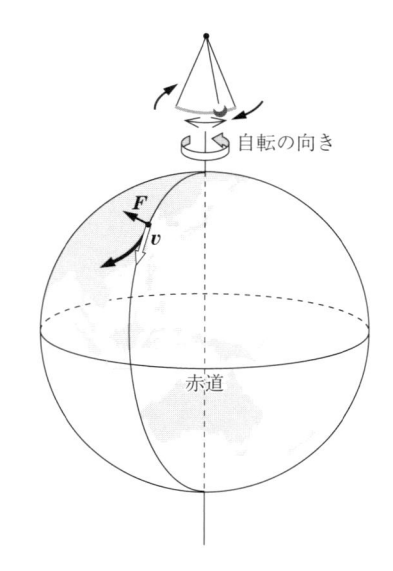

図 11.8 コリオリの力．南向きに速度 v で発射すると，右の方へずれていく．その理由は，自転による速さが北の方より南の方が大きいからである．

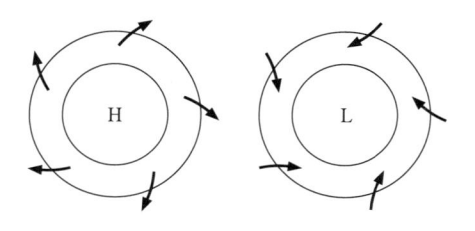

図 11.9 北半球での風の向き

> ❖ 第 11 章のキーワード ❖
> 慣性系，非慣性系，遠心力，コリオリの力，無重力状態，無重量状態

演習問題 11

A

1. 次の観測者に対して運動の第 1 法則が成り立つかどうかを述べよ．
   (1) 等速度で落下しているパラシュート乗り．
   (2) 飛行機から飛び出した直後のパラシュート乗り．
   (3) 滑走路に着地後，逆噴射しているジェット機のパイロット．
2. 電車の中におもりが吊るしてある．この電車が半径 800 m のカーブを 30 m/s の速さで走るとき，おもりを吊るした糸は鉛直線からおよそ何度傾くか．
3. 半径 1.2 m の円を描いて，水の入っているバケツを手に持って鉛直面内で等速でまわす．バケツが真上にきても，水がこぼれない最小の回転数 f を求めよ．

B

1. (1) 乗客がおもりをつけた糸を手で吊るして，糸と鉛直方向がなす角 θ を測れば，乗り物の加速度の大きさ a は $a = g\tan\theta$ であることを示せ．
   (2) 新幹線ひかり，通勤電車，レーシングカーの発車時の加速度は，それぞれ，0.6, 1.0〜1.5, 4.5 m/s² で，ジェット機の着陸時の加速度は -3〜-5 m/s² である．それぞれの場合の角 θ を求めよ．

問, 演習問題の解答

第1章

問1 (1) $v = 10 - 5t$
(2) $x - x_0 = 10t - 2.5t^2$. $v = 0$ になる $t = 2$ s で $x - x_0$ は最大値 10 m になる. $t = 5$ s で $x - x_0 = -12.5$ m. 移動距離は $10 + [10 - (-12.5)] = 32.5$ [m], 変位は -12.5 m

問2 略

問3 $t = \sqrt{2s/g} = \sqrt{2 \times 122.5/9.8} = 5$ [s]
$v = 9.8 \times 5 = 49$ [m/s] $= 176$ [km/h]

問4 (1) $v = 9.8 \times 2.0 = 19.6$ [m/s]
(2) $h = gt^2/2 = 9.8 \times 2.0^2/2 = 19.6$ [m]
(3) $\bar{v} = 19.6 \text{ m}/2.0 \text{ s} = 9.8$ m/s

問5 $H = v_0^2/2g = 20^2/(2 \times 10) = 20$ [m]
$t_2 = 2v_0/g = 2 \times 20/10 = 4$ [s]

演習問題 1

A

1. $552.6 \text{ km}/4.2 \text{ h} = 132 \text{ km/h} = 37$ m/s

2. 略

3. 50 km/h $= 13.9$ m/s. $0.5 \text{ s} \times 13.9 \text{ m/s} = 6.9$ m

4. $(120/60) - (120/90) = 2 - 4/3 = 2/3$ [h]
$= 40$ [min]

5. (1) 略 (2) $12.5/16 = 0.78$ [m/s²]. 0, -0.78 m/s²
(3) $\bar{v}t$ の和を計算する. $(12.5/2) \times 16 + 12.5 \times 6 + (12.5/2) \times 16 = 275$ [m]

6. $a = (18 \text{ m/s})/(30 \text{ s}) = 0.6$ m/s²

7. 1 m/s $= 3.6$ km/h
$s = (100/3.6)^2/(2 \times 7) = 55$ [m]

8. $(330/3.6)^2/(2 \times 3300) = 1.3$ [m/s²]
$-(260/3.6)^2/(2 \times 1750) = -1.5$ [m/s²]

9. $s = at^2/2$ ∴ $2 \times (80/2)^2/2 = 1600$ [m]
$1600 + 3 \times (80/3)^2/2 \fallingdotseq 2700$ [m]

10. $t = \sqrt{2s/g} = \sqrt{2 \times 78.4/9.8} = 4$ [s]
$v = gt = 9.8 \times 4 = 39.2$ [m/s] $= 141$ [km/h]

11. (1) $v = 9.8 \times 3.0 = 29.4$ [m/s]
(2) $h = \frac{1}{2} \times 9.8 \times 3.0^2 = 44.1$ [m]
(3) $44.1/3.0 = 14.7$ [m/s]

B

1. (1) $v = 20 - 10t$ (2) $x - x_0 = 20t - 5t^2$
$t = 2$ s で $x - x_0$ は最大値 20 m, $t = 5$ s で $x - x_0 = -25$ m. 移動距離は $20 + 45 = 65$ m, 変位は -25 m

2. $A = \int_a^b f(t)\,dt$

3. $a = v_0^2/2(x - x_0) = 30^2/(2 \times 100) = 4.5$ [m/s²]

4. $x = 20t - 5t^2 = 15$ から $t^2 - 4t + 3 = 0$. ∴ $t = 1$ [s], 3 [s]. $v = 20 - 10t$ から, $t = 1$ s のとき $v = 10$ m/s, $t = 3$ s のとき $v = -10$ m/s.

第2章

問1 ボートのオールで池の水を押すと, 水はオールを逆向きに押し返す.

問2 略

問3 $\boldsymbol{A} + \boldsymbol{B} = (3, 3)$

問4 (a) $2F_A \cos 60° = F_A = 30$ kgf. $2F_A \cos 30° = \sqrt{3}\,F_A = 30$ kgf, $F_A = 17.3$ kgf.

問5 (a) 針金の張力が大きくないと鉛直方向成分が指の力とつり合わない.
(b) 一直線になると荷物の重力につり合う力を作用できない.

問6 略

問7 $a = \dfrac{F}{m_A + m_B + m} - g$

問8 そのときの人間の足もとに落ちる.

演習問題 2

A

1. (1) $a = (30 - 20)$ [m/s]$/5$ s $= 2$ m/s²
(2) $F = 1000 \times 2 = 2000$ [N]

2. $F = 20 \times (0 - 30)/6 = -100$ [N]. 運動方向に逆向きの 100 N の力

3. $a = F/m = 12/2 = 6$ [m/s²]

4. (a)の方. (a)では $a = F/m = 0.98$ N$/0.4$ kg $= 2.5$ m/s². (b)では $a = 0.98$ N$/(0.4 + 0.1)$ kg $= 2.0$ m/s²

5. 合力の水平方向成分は $200 \times (4/5) - 260 \times (5/13) = 60$ [N](右向き), 合力の鉛直方向成分は 200

×(3/5)+260×(12/13)−150 = 210 [N]（上向き）

6. (1) 同じ　(2) 同じ　(3) a→b→c の順に大きい．　(4) a→b→c の順に大きい．

7. $x = v_0 t$, $y = y_0 - gt^2/2 = y_0 - gx^2/2v_0^2$, $x = 12$ m では $y = 2.5 - 0.54 = 2.0$ [m] ∴ 越える．第 2 式で $y = 0$ とおくと，$x = v_0\sqrt{2y_0/g} = 26$ [m]

8. $60\,\mathrm{s} = 2v_0 \sin 45°/g$ ∴ $v_0 = 60 \times 9.8/\sqrt{2} = 416$ [m/s]．$R = v_0^2 \sin 90°/g = 416^2/9.8 = 17640$ [m]

9. $(v_0^2/g)\sin 2\theta = (20^2/9.8)\sin 120° = 35$ [m]

10. $(-50\text{ m/s}, -50\text{ m/s})$

B

1. 大人が前進するのは地面が作用する前向きの摩擦力が大きいため．

2. (1) $a = F/m = 20/10 = 2$ [m/s²]
(2) $a = 10/10 = 1$ [m/s²], $x = at^2/2 = 1 \times 10^2/2 = 50$ [m], $v = at = 1 \times 10 = 10$ [m/s]
(3) $a = -20/10 = -2$ [m/s²], $t = v_0/(-a) = 10$ s, $x = 2 \times 10^2/2 = 100$ [m]
(4) $a = (20\text{ m/s})/5\text{ s} = 4\text{ m/s}^2$, $F = ma = 40$ N

3. $100 = 18a$．$F = ma = 90 \times 100/18 = 500$ [N]

4. $F = Gm^2/r^2 = 6.7 \times 10^{-11} \times 1^2/0.05^2 = 2.7 \times 10^{-8}$ [N]

5. $3ma = F - 3mg$．$a = F/3m - g = 9.0/(3 \times 0.2) - 9.8 = 5.2$ [m/s²], $S_{AB} = 2ma + 2mg = 6.0$ N, $S_{BC} = ma + mg = 3.0$ N

6. 大きさが $1.5\sqrt{2}$ m/s で鉛直下向き

7. 放物運動は，初速度の方向の等速直線運動と自由落下運動を合成した運動であることを使え．

第 3 章

問 1　略

演習問題 3

A

1. $f_A = v/\pi D_A = 3.3/(3.14 \times 0.35) = 3.0$ [s⁻¹]
$n_A = 180$ rpm
$f_B = 3.3/(3.14 \times 1.4) = 0.75$ [s⁻¹], $n_B = 45$ rpm

2. $\dfrac{n_A}{n_B} = \dfrac{f_A}{f_B} = \dfrac{v/\pi D_A}{v/\pi D_B} = \dfrac{D_B}{D_A}$

3. $\omega = 2\pi f = 2\pi \times 20 = 126$ [rad/s]

$v = \pi D f = \pi \times 0.91 \times 20 = 57.2$ [m/s] = 206 [km/h]

4. $f = 2.5$ s⁻¹, $\omega = 2\pi f = 15.7$ rad/s．$v = r\omega = 0.3\text{ m} \times 5\pi\text{ s}^{-1} = 4.7$ m/s = 17 km/h

B

1. $a_E = r_E \omega^2 = 1.5 \times 10^{11}\text{ m} \times [2\pi/(365 \times 24 \times 60 \times 60\text{ s})]^2 = 0.0059$ m/s²
$a_E = GM_S/r_E^2$ ∴ $M_S = a_E r_E^2/G = 0.0059 \times (1.5 \times 10^{11})^2/(6.67 \times 10^{-11}) = 2.0 \times 10^{30}$ [kg]

2. $v^2/r = GM_E/r^2$ ∴ $v^2 = GM_E/(R_E + h)$

3. $r\omega^2 = GM_S/r^2$ と $\omega T = 2\pi$ から $r^3/T^2 = GM_S/4\pi^2 = $ 一定

第 4 章

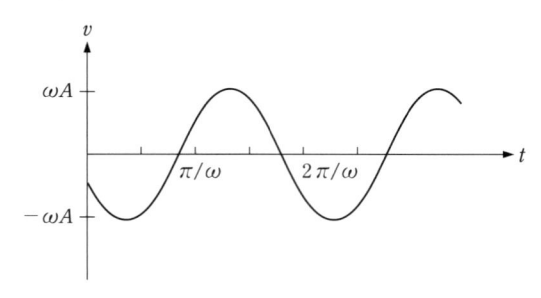

図 S.1

問 1　図 S.1 参照
問 2　$T = 2\pi\sqrt{2/9.8} = 2.8$ [s]
問 3　$T = 2\pi\sqrt{34/9.8} = 12$ [s]

A

1. 切れた瞬間の速度を初速度とする放物運動．

2. (1) $U = kx^2/2 = 100 \times 0.2^2/2 = 2$ [J]
(2) $mv^2/2 = 2J$ ∴ $v = \sqrt{4/4} = 1$ [m/s]

3. $T = 2\pi\sqrt{m/k}$．$k = 4\pi^2 m/T^2 = 4\pi^2 \times 2/2^2 = 20$ [N/m]

4. $\sqrt{1/0.17} = 2.4$ [倍]

5. 変わらない．

B

1. (1) $a = (2\pi f)^2 r = (12\pi)^2 \times 0.7 = 995$ [m/s²], $F = ma = 1990$ N．
(2) $k = F/x = 1990/0.3 = 6.6 \times 10^3$ [N/m]

2. ウ

3. (1) $F = kx = 1.0\,k = 25 \times 9.8 = 245$ [N]．$k = 245$ N/m
(2) $mv^2/2 = kx^2/2$, $v = x\sqrt{k/m} = 1.0\sqrt{245/(28 \times 10^{-3})} = 94$ [m/s]

第 5 章

演習問題 5

A

1. μ のかわりに $\mu' = 0.20$ を入れると
$$F = \frac{0.4W}{\sqrt{3}+0.20} = 12 \text{ kgf}$$

B

1. 略

第 6 章

演習問題 6

A

1. $W = mgh = 80 \times 9.8 \times 2.0 = 1568$ [J]
2. $P = Fv = mgv = 50 \times 9.8 \times 2 = 980$ [W]
3. $P \geq 1000 \times 9.8 \times 10/60 = 1633$ [W]
4. $4.6 \times 10^7/(65 \times 10^3 \times 9.8 \times 77) = 0.94$ ∴ 94%
5. (1) $40 \times 3000 \times 9.8 = 1.2 \times 10^6$ [J]
   (2) $1.2 \times 10^6/(3.8 \times 10^7 \times 0.20) = 0.16$ [kg]

B

1. 10.8 km/h $= 3$ m/s. $h = 3 \times 120 \times 0.087 = 31.3$ [m]
$P = 75 \times 9.8 \times 31.3/120 = 192$ [W]
2. 0
3. $v = \sqrt{2GM/R} = c$ ∴ $R = 2GM/c^2$

第 7 章

問1 (a) 最初の 10 円玉は静止し, 衝突された 10 円玉は同じ速さで動き出す. 例1と同じように考えよ.
(b), (c) 最初の 10 円玉は静止し, いちばん前の 10 円玉だけが同じ速さで動き出す. (a) の衝突の繰り返しと考えればよい.

問2 例1の衝突の繰り返しと考えればよい.

演習問題 7

A

1. $p' = mv' = 0.15 \times 40 = 6$ [kg·m/s], $p = -6$ kg·m/s, $F = (p'-p)/T = 120$ N
2. 手のひらの側面は狭い. 手のひらが瓦に力を及ぼしているきわめて短い時間に手のひらの速度は大きく変化するので, 手のひらに瓦が及ぼす力(質量×加速度)は大きい. したがって, 作用反作用の法則により, 手のひらが瓦に及ぼす力は大きく, しかも接触面積が小さいので, 圧力は大きい.
3. $m_A \boldsymbol{v}_A + m_B \boldsymbol{v}_B = (m_A + m_B) \boldsymbol{v}'$
∴ $\boldsymbol{v}' = \dfrac{m_A \boldsymbol{v}_A + m_B \boldsymbol{v}_B}{m_A + m_B}$
4. (1) $mV = (m+M)v$
∴ $v = mV/(m+M) = 0.87$ m/s
(2) $h = v^2/2g = (0.87 \text{ m/s})^2/(2 \times 9.8 \text{ m/s}^2)$
$= 0.039$ m $= 3.9$ cm

B

1. $m_A v_A = m_A v_A' + m_B v_B'$ から得られる $v_B' = m_A \times (v_A - v_A')/m_B$ を $\frac{1}{2} m_A v_A^2 = \frac{1}{2} m_A v_A'^2 + \frac{1}{2} \times m_B v_B'^2$ に代入すると
$$m_B(v_A + v_A')(v_A - v_A') = m_A(v_A - v_A')^2$$
∴ $v_A = v_A'$ あるいは
$$m_B(v_A + v_A') = m_A(v_A - v_A')$$
$v_A = v_A'$ で $v_B' = 0$ という解は物理的に起こらない解なので, $v_A' = \dfrac{m_A - m_B}{m_A + m_B} v_A$. これを最初の式に代入すると
$$v_B' = \dfrac{2m_A}{m_A + m_B} v_A$$

第 8 章

問1 0.5 kgf 以上, 2 m

演習問題 8

A

1. $F \times 15$ cm $= 3$ kgf $\times 2.5$ cm ∴ $F = 0.5$ kgf
2. 脊柱の下端のまわりの力のモーメントの和 $=0$ から, $T(\sin 12°)(2L/3) - 0.4W(\cos\theta)(L/2) - (0.2W + Mg)(\cos\theta)L = 0$, $T \sin 12° = [0.6W + (3/2)Mg]\cos\theta$
∴ $T = 2.5W + 6.2Mg = 2.7 \times 10^2$ kgf

B

1. (1) 綱の長さ $L = \sqrt{h^2 + l^2} = \sqrt{4.0^2 + 3.0^2} = \sqrt{25.00} = 5.0$ [m]. ちょうつがいと張力 S の距離 $d = l \times (h/L) = (3.0) \times (4/5) = 2.4$ [m]. ちょうつがいのまわりの力のモーメントの和 $=0$

という条件から
$$2.4S = 1.8W = 1.8 \times 40 \text{ kgf}$$
$$\therefore \ S = 30 \text{ kgf}$$
(2) つり合いの条件から，$N = (3/5)S = 18$ kgf，$F = W - (4/5)S = 16$ kgf.

2. (a) 1/3 kgf 以上，3 m
   (b) 0.2 kgf 以上，5 m
   (c) 1/12 kgf 以上，12 m

第 9 章

問 1 (b)

問 2 $L = mrv_\perp = $ 一定 なので，r が小さくなると $v_\perp$ は大きくなり，r が大きくなると $v_\perp$ は小さくなる．

演習問題 9

A

1. 円板 A, B の角速度，角加速度を ω, α とする．$\omega = (r_C/r_B)\omega_C = (2/3)2 \text{ s}^{-1} = (4/3) \text{ s}^{-1}$, $\alpha = 4/\text{s}^2$. おもりの速度，加速度 v, a は，$v = r_A\omega = 12 \text{ cm} \times (4/3) \text{ s}^{-1} = 0.16 \text{ m/s}$，$a = r_A\alpha = 0.48 \text{ m/s}^2$

2. $I = MR^2/2 = 8\pi \times 10^6 \times 10^{-3}/2 = 4\pi \times 10^3$ [kg·m^2]. $\omega = 2\pi \times 600/60 \text{ s} = 20\pi/\text{s}$. $K = I\omega^2/2 = 8\pi^3 \times 10^5 = 2.5 \times 10^7$ [J]

3. $I = 3ML^2/3 = 200 \times 5.0^2 = 5 \times 10^3$ [kg·m^2]. $\omega = 2\pi \times 300/60 = 10\pi \text{ s}^{-1}$. $K = I\omega^2/2 = (5\pi^2/2) \times 10^5 = 2.5 \times 10^6$ [J]

4. I が小さい (a) の場合

5. $2F_Q v = 83 \text{ kW}$，$v = (200/3.6) \text{ m/s} = 55.5 \text{ m/s}$，$F_Q = 83 \times 10^3/(2 \times 55.5) = 747$ [N]

B

1. $L = \sqrt{a^2 + b^2}/2$，$I/ML = (2/3)\sqrt{a^2 + b^2}$
   $T = 2\pi[(2/3g)\sqrt{a^2 + b^2}]^{1/2}$

2. 1 段ロケットは，地球の中心を焦点の 1 つとする楕円軌道上を運動するので，必ず地球と衝突する．

第 10 章

問 1 $Mg = 60 \text{ kgf} + 40 \text{ kgf} = 100 \text{ kgf}$ $\therefore M = 100$ kg
$$\overline{AG} \times 60 = \overline{BG} \times 40 = (5 - \overline{AG}) \times 40$$
$$\therefore \ \overline{AG} = 5 \times 40/100 = 2$$
A から 2 m のところ

問 2 破片の重心は花火の玉の放物運動をつづける．

演習問題 10

A

1. 可能（山を越える長い列車の重心はつねに山の頂上より低い）

2. 重心は放物運動をつづける．

3. 中空の球の方が I_G/MR^2 が大きい．斜面を転がり落ちるとき，遅い方．

4. I_G/MR^2 が最小の液体のビールの入った缶．次が中の凍った缶ビール．

B

1. 板 ABCDOE は線分 BO に関して線対称なので，その重心 G は直線 BO 上にある（図 S.2 参照）．右上の正方形 OEFD の面積は正方形 ABCF の面積の 1/4 である．もし，この部分が切り落とされていなければ，この点 P を中心とする正方形の板の受けていた重力 $\boldsymbol{F}$ と重心 G が受ける重力 $3\boldsymbol{F}$ の合力の作用点は，正方形 ABCF の重心である中心 O である．したがって，点 O のまわりのつり合い条件から，$3F \cdot \overline{OG} = F \cdot \overline{OP}$ $\therefore$ $3\overline{OG} = \overline{OP}$ が導かれる．点 P は線分 OF の中心で $\overline{OF} = \overline{OB}$ なので，$2\overline{OP} = \overline{OB}$. $\therefore \overline{OG} = \frac{1}{6}\overline{OB}$

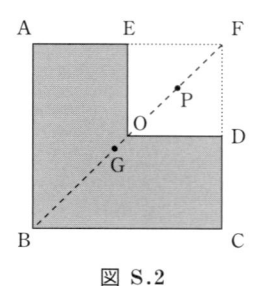

図 S.2

2. (1) $t = \sqrt{2h/g} = \sqrt{2 \times 4.9/9.8} = 1$ [s]
   (2) $t = \sqrt{2s/a}$
      $= \sqrt{2 \times 9.8/[(5/7)g \sin 30°]}$
      $= \sqrt{19.6/(5 \times 4.9/7)} = \sqrt{5.6} = 2.4$ [s]

3. 床と接している糸巻きの部分の速さは 0 なので，接触点 P のまわりでの回転運動の法則は $I\alpha = N$ である．$\boldsymbol{F}_1$ の場合は $N < 0$ なので糸巻きは右に動き，$\boldsymbol{F}_2$ の場合は $N = 0$ なので糸巻きは動かず，$\boldsymbol{F}_3$ の場合は $N > 0$ なので糸巻きは左に動く．

4. $g\sin 30°/[1+(I_G/MR_0^2)]$

第11章
演習問題 11

A
1. (1) 成立　(2) 不成立　(3) 不成立
2. $v^2/r = g\tan\theta$. $\tan\theta = 30^2/(800\times 9.8) = 0.11$.
   $\theta = 6.5°$
3. $mr\omega^2 = mr(2\pi f)^2 = mg$ ∴ $f = \sqrt{g/r}/2\pi = \sqrt{9.8/1.2}/2\pi = 0.45$ [回/s]

B
1. (1) 質量 m のおもりに働く力は張力 S と重力 mg. $S\cos\theta = mg$, $S\sin\theta = ma$ ∴ $a = g\tan\theta$.
   (2) 3.5°, 6°〜9°, 25°, −17°〜−27°

索　引

あ行

アンペア（記号 A）ampere　3
位置　position　9, 51
位置エネルギー　potential energy　61
位置-時刻図（x-t 図）
　position-time diagram　9
位置ベクトル　position vector　21
移動距離　distance traveled　9
運動エネルギー　kinetic energy　60, 77
運動の第 1 法則　first law of motion　24
運動の第 2 法則　second law of motion
　25
運動の第 3 法則　third law of motion
　26
運動の法則　law of motion　25
運動方程式　equation of motion　35
運動量　momentum　88
運動量の変化と力積の関係
　impulse momentum relation　90
運動量保存の法則　law of conservation
　of momentum　91, 92
エネルギー　energy　74
エネルギーの変換　conversion of
　energy　83
エネルギーの保存
　conservation of energy　83
エネルギーの保存の法則
　law of conservation of energy　83
MKS 単位系　MKS system of units　3
MKSA 単位系　MKSA system of units
　3
遠心力　centrifugal force　123
鉛直投げ上げ運動　motion of a body
　thrown straight up　18

か行

回転運動の運動エネルギー　kinetic
　energy of rotational motion　105
回転運動の慣性
　inertia of rotational motion　121
回転運動の法則
　law of rotational motion　110
回転数　rotational frequency　44
外力のモーメント
　moment of external force　107
角位置　angular position　49
角運動量　angular momentum　108, 109
角運動量保存の法則　law of conservation
　of angular momentum　110
角加速度　angular acceleration　103, 104
角振動数　angular frequency　57

角速度　angular velocity　50, 103
加速度（瞬間加速度）acceleration
　7, 13, 14, 23, 24, 45, 51
カロリー（記号 cal）calorie　4
慣性　inertia　25
慣性系　inertial frame　123
慣性抵抗　inertial resistance　72
慣性の法則　law of inertia　25
慣性モーメント　moment of inertia　105
カンデラ（記号 cd）candela　3
共振　resonance　64
強制振動　forced vibration　54, 64
共鳴　resonance　64
極座標　polar coordinates　49
キログラム（記号 kg）kilogram　3
組立単位　derived unit　3
ケプラーの法則　Kepler's law　111
ケルビン（記号 K）kelvin　3
減衰振動　damped oscillation　54, 63
向心加速度　centripetal acceleration　45
向心力　centripetal force　46
剛体　rigid body　95
剛体の運動エネルギー
　kinetic energy of rigid body　119
剛体の重心
　center of mass of rigid body　115
剛体の重心のまわりの回転運動の法則
　law of rotational motion of rigid
　body around center of mass　118
剛体の平面運動
　planar motion of rigid body　118
剛体振り子　physical pendulum　107
合力　resultant force　33
国際単位系
　International System of Units　3
固定軸のまわりの剛体の回転運動の法則
　law of rotational motion of rigid
　body around fixed axis　106
弧度　radian　49
固有振動数　characteristic frequency
　64
コリオリの力　Coriolis' force　127

さ行

最大摩擦力　maximum frictional force
　67
作用線　line of action　33
作用点　point of action　33
作用反作用の法則
　law of action and reaction　27
次元（ディメンション）dimension　5
仕事　work　74

仕事と運動エネルギーの関係
　work-energy theorem　81
仕事の原理　principle of work　100
仕事率　power　79
指数　exponent　4
周期　period　46, 59
周期運動　periodic motion　46
重心　center of mass　95, 114, 115
重心加速度　acceleration of center of
　mass　116, 117
重心速度　velocity of center of mass
　117
重心の運動方程式　equation of motion
　of center of mass　116
終端速度　terminal velocity　72
自由落下　free fall　17
重力　gravity　28
重力加速度　gravitational acceleration
　17
重力キログラム（記号 kgf）
　kilogram force　4, 28
重力定数　gravitational constant　29
重力による位置エネルギー
　gravitational potential energy　77
ジュール（記号 J）joule　75
瞬間速度　instantaneous velocity　10
人工衛星　artificial satellite　47
振動　oscillation　54
振動数　frequency　57, 59
振幅　amplitude　57
垂直抗力　normal force　67
水平投射運動　motion of a body
　projected horizontelly　37
数値　numerical value　2
ストークスの法則　Stokes' law　71
正規分布　normal distribution　4
静止衛星　geosynchronous satellite　48
静止摩擦係数
　coefficient of static friction　67
静止摩擦力　static friction　67
接線加速度　tangential acceleration
　104
接線の傾き（勾配）
　slope of tangent line　10
接頭語　prefix　4
相対速度　relative velocity　32
速度　velocity　7, 10, 12, 22, 44, 51
速度-時刻図（v-t 図）
　velocity-time diagram　11

た行

脱出速度　escape speed　86

単位 unit	2
単振動 simple harmonic oscillation	54, 56
単振動の運動方程式 equation of motion of simple harmonic oscillation	56
弾性衝突 elastic collision	92
弾性定数 elastic constant	54
単振り子 simple pendulum	61
弾力 elastic force	54
弾力による位置エネルギー potential energy of elastic force	60
力 force	33, 74
力の中心 center of force	110
力のつり合い equilibrium of forces	34
力のつり合い条件 conditions for equilibrium of force	95, 96
力の分解 resolution of force	33
力のモーメント（トルク） moment of force (torque)	95
地球の重力 gravity by the Earth	28
中心力 central force	110
直線運動 straight-line motion	7
定滑車 fixed pulley	100
電子ボルト（記号 eV）electron volt	4
等加速度直線運動 straight-line motion with constant acceleration	14
動滑車 driving pulley	100
等時性 isochronism	59
等速運動 uniform motion	8
等速円運動 uniform circular motion	44, 49
等速直線運動（等速度運動）straight-line motion with constant speed	11
動摩擦係数 coefficient of kinetic friction	69
動摩擦力 kinetic friction	69
トルク torque	95

な 行

内力 internal force	35
ニュートン（記号 N）newton	3, 26
ニュートンの運動の3法則 Newton's three laws of motion	24
ニュートンの運動方程式 Newton's equation of motion	26
熱 heat	77
粘性抵抗 viscous drag	71

は 行

ばね定数 spring modulus	54
ばね振り子 spring pendulum	55
速さ（スピード）speed	7
パワー power	79
万有引力 gravitational force	29
万有引力による位置エネルギー gravitational potential energy	85, 86
万有引力の法則 law of gravitation	29
非慣性系 non-inertial frame	123
非弾性衝突 inelastic collision	95
標準不確かさ standard uncertainty	5
標準偏差 standard deviation	5
秒（記号 s）second	3
復元力 restoring force	54
フックの法則 Hooke's law	54
物理量 physical quantity	2
振り子の等時性 isochronism of pendulum	62
平均加速度 average acceleration	14, 23
平均速度 average velocity	10
ヘクトパスカル（記号 hPa）hecto-pascal	4
ベクトル vector	22, 31
ヘルツ（記号 Hz）hertz	59
変位 displacement	9, 10, 12
法則 law	2
放物運動 parabolic motion	39
ホドグラフ hodograph	45

ま 行

摩擦力 frictional force	67
無重量状態 weightlessness	126
無重力状態 null gravitational state	125
メートル（記号 m）meter	3
面積速度一定の法則 law of areas	111
モーメント moment	95
モル（記号 mol）mole	3

や 行

有効数字 significant figure	5
ヨーヨー yo-yo	121

ら 行

ラジアン（記号 rad）radian	49
力学的エネルギー mechanical energy	61, 77
力学的エネルギー保存の法則 law of conservation of mechanical energy	61, 77, 119
力積 impulse	90

わ 行

ワット（記号 W）watt	80

【著者紹介】

原　康夫
はら　やす　お

1934 年　神奈川県鎌倉にて出生．
1957 年　東京大学理学部物理学科卒業．
1962 年　東京大学大学院修了（理学博士）．
カリフォルニア工科大学，シカゴ大学，プリンストン高等学術研究所の研究員，東京教育大学理学部助教授，筑波大学物理学系教授を歴任．
筑波大学名誉教授．
1977 年　「素粒子の四元模型」の研究で仁科記念賞受賞．
専攻：理論物理学（素粒子論）
主な著書：『電磁気学 I, II』，『素粒子物理学』（以上，裳華房），『力学』（東京教学社），『量子力学』（岩波書店），『物理学通論 I, II』，『物理学基礎』，『基礎物理学』，『物理学入門』（以上，学術図書出版社）等．

基礎からの力学
きそ　　　　　　　りきがく

2000 年 10 月 30 日　第 1 版　第 1 刷　発行
2023 年 9 月 20 日　第 1 版　第17刷　発行

著　者　原　康夫
　　　　　はら　やす　お
発行者　発田和子
発行所　株式会社　学術図書出版社

〒 113-0033　東京都文京区本郷 5-4-6
TEL 03-3811-0889　振替 00110-4-28454
印刷　中央印刷(株)

定価はカバーに表示してあります．

本書の一部または全部を無断で複写（コピー）・複製・転載することは，著作権法で認められた場合を除き，著作物および出版社の権利の侵害となります．あらかじめ小社に許諾を求めてください．

Ⓒ 2000　Y. HARA Printed in Japan
ISBN 978-4-87361-909-5

単位の 10^n 倍の接頭記号

倍数	記号	名称		倍数	記号	名称	
10	da	deca	デカ	10^{-1}	d	deci	デシ
10^{2}	h	hecto	ヘクト	10^{-2}	c	centi	センチ
10^{3}	k	kilo	キロ	10^{-3}	m	milli	ミリ
10^{6}	M	mega	メガ	10^{-6}	μ	micro	マイクロ
10^{9}	G	giga	ギガ	10^{-9}	n	nano	ナノ
10^{12}	T	tera	テラ	10^{-12}	p	pico	ピコ
10^{15}	P	peta	ペタ	10^{-15}	f	femto	フェムト
10^{18}	E	exa	エクサ	10^{-18}	a	atto	アト
10^{21}	Z	zetta	ゼタ	10^{-21}	z	zepto	ゼプト
10^{24}	Y	yotta	ヨタ	10^{-24}	y	yocto	ヨクト
10^{27}	R	ronna	ロナ	10^{-27}	r	ronto	ロント
10^{30}	Q	quetta	クエタ	10^{-30}	q	quecto	クエクト

ギリシャ文字

大文字	小文字	相当するローマ字		読み方
A	α	a, ā	alpha	アルファ
B	β	b	beta	ビータ(ベータ)
Γ	γ	g	gamma	ギャンマ(ガンマ)
Δ	δ	d	delta	デルタ
E	ε, ϵ	e	epsilon	イプシロン
Z	ζ	z	zeta	ゼイタ(ツェータ)
H	η	ē	eta	エイタ
Θ	θ, ϑ	th	theta	シータ(テータ)
I	ι	i, ī	iota	イオタ
K	κ	k	kappa	カッパ
Λ	λ	l	lambda	ラムダ
M	μ	m	mu	ミュー
N	ν	n	nu	ニュー
Ξ	ξ	x	xi	ザイ(グザイ)
O	o	o	omicron	オミクロン
Π	π	p	pi	パイ(ピー)
P	ρ	r	rho	ロー
Σ	σ, ς	s	sigma	シグマ
T	τ	t	tau	タウ
Υ	υ	u, y	upsilon	ユープシロン
Φ	ϕ, φ	ph (f)	phi	ファイ
X	χ	ch	chi, khi	カイ(クヒー)
Ψ	ψ	ps	psi	プサイ(プシー)
Ω	ω	ō	omega	オミーガ(オメガ)

物理定数表

重力の加速度（標準値）	$g = 9.80665 \text{ m/s}^2$
重力定数	$G = 6.67408(31) \times 10^{-11} \text{ N·m}^2/\text{kg}^2$
地球の質量	$M_E = 5.974 \times 10^{24} \text{ kg}$
地球の半径（平均）	$R_E = 6.37 \times 10^6 \text{ m}$
地球・太陽間の平均距離	$r_E = 1.50 \times 10^{11} \text{ m}$
太陽の質量	$M_S = 1.989 \times 10^{30} \text{ kg}$
太陽の半径	$R_S = 6.96 \times 10^8 \text{ m}$
月の軌道の長半径	$r_M = 3.844 \times 10^8 \text{ m}$
月の公転周期	27.32 日
1 気圧（定義値）	$p_0 = 1.01325 \times 10^5 \text{ N/m}^2 = 760 \text{ mmHg}$
熱の仕事当量（定義値）	$J = 4.18605 \text{ J/cal}$
理想気体 1 mol の体積 (0 °C，1 気圧)	$V_0 = 2.2413996 \times 10^{-2} \text{ m}^3/\text{mol}$
気体定数	$R = 8.3144598(48) \text{ J/(K·mol)}$
アボガドロ定数（定義値）	$N_A = 6.02214076 \times 10^{23}/\text{mol}$
ボルツマン定数（定義値）	$k = 1.380649 \times 10^{-23} \text{ J/K}$
真空中の光速（定義値）	$c = 2.99792458 \times 10^8 \text{ m/s}$
電気定数（真空の誘電率）	$\varepsilon_0 = 8.854187817\cdots \times 10^{-12} \text{ F/m} \; (\approx 10^7/4\pi c^2)$
磁気定数（真空の透磁率）	$\mu_0 = 1.2566370614\cdots \times 10^{-6} \text{ N/A}^2 \; (\approx 4\pi/10^7)$
静電気力の定数（真空中）	$1/4\pi\varepsilon_0 = 8.98755\cdots \times 10^9 \text{ N·m}^2/\text{C}^2 \; (\approx c^2/10^7)$
プランク定数（定義値）	$h = 6.62607015 \times 10^{-34} \text{ J·s}$
電気素量（定義値）	$e = 1.602176634 \times 10^{-19} \text{ C}$
ファラデー定数	$F = 9.648533289(59) \times 10^4 \text{ C/mol}$
電子の比電荷	$e/m_e = 1.758820024(11) \times 10^{11} \text{ C/kg}$
ボーア半径	$a_B = 5.2917721067(12) \times 10^{-11} \text{ m}$
リュドベルグ定数	$R_\infty = 1.0973731568508(65) \times 10^7/\text{m}$
ボーア磁子	$\mu_B = 9.2740009994(57) \times 10^{-24} \text{ J/T}$
電子の静止質量	$m_e = 0.510998946 \text{ MeV}/c^2 = 9.10938356(11) \times 10^{-31} \text{ kg}$
陽子の静止質量	$m_p = 938.272081 \text{ MeV}/c^2 = 1.672621898(21) \times 10^{-27} \text{ kg}$
中性子の静止質量	$m_n = 939.565413 \text{ MeV}/c^2 = 1.674927471(21) \times 10^{-27} \text{ kg}$
質量とエネルギー	$1 \text{ eV} = 1.6021766208(98) \times 10^{-19} \text{ J}$
	$1 \text{ kg} = 5.60958865 \times 10^{35} \text{ eV}/c^2$
	$1 \text{ u} = 1.660539040(20) \times 10^{-27} \text{ kg} = 931.4940954 \text{ MeV}/c^2$